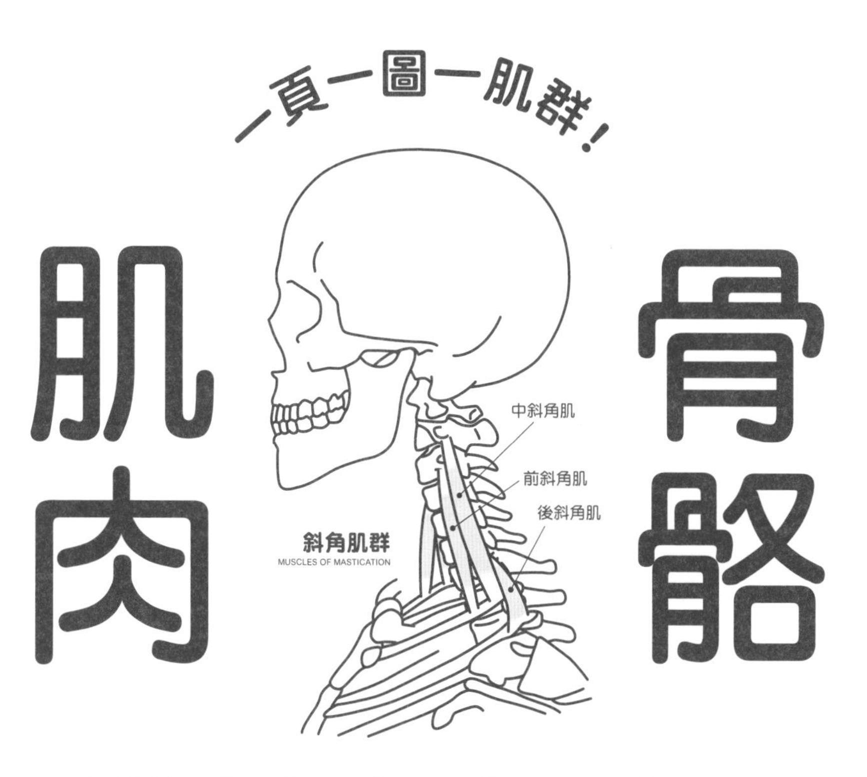

解剖速查手冊

すぐ施術に役立つ! イラストと漫画で楽しく覚える

筋肉と骨の

前言

「我想學習關於肌肉和骨骼的知識，可是不知道要從哪裡開始。」

「就算開始嘗試記憶肌肉的種類與名稱，也很難持續下去。」

經常聽到很多治療師這麼說。但問題是，市面上已經有無數的書籍、影音、研討會等學習資源流通其中，為什麼還有這麼多人為此煩惱呢？當然，每個人能負擔的費用或時間也會有所影響，但我想最大的原因應該是學習這件事本身「沒有樂趣」。

我來舉個例子吧！如果是小孩子的話，當投入在遊戲或是昆蟲等自己喜好的事物而非念書一事時，他們一定會把學校的作業拋諸腦後，而且神奇的是，明明是平常極欲脫逃的書桌，這時卻怎麼也無法離開，完全不需要他人強迫也會主動開始學習。我們從小到大或多或少都曾經有過類似的經驗吧，為了自己感興趣的活動，忘我著迷到甚至犧牲睡眠時間也不覺得可惜。

你不覺得如果能以同樣的心情來學習身體知識或保健、治療方法，該有多好嗎？

也就是說，學習中最重要的關鍵是「內容是否有趣」，因此在教學過程中我始終試著讓學生察覺其「樂趣」所在。例如，有些孩子因為看了藝人「魚君」（本名：宮澤正之，魚類學家，同時也是知名藝人、魚類插畫家及科普作家）的介紹而開始對魚類產生興趣；也有人因為受到「米村傳治郎」（活躍於日本各大媒體，熱心推廣科學的科普製作人、藝人）的影響而察覺到科學的樂趣。

仔細回想，在我們的學生時代，確實也有過因為老師很有趣而喜歡上那個學科的經驗吧。而如果有的話，反過來說，當然也會因為老師的關係而討厭某個學科。

如果你覺得念書很無聊，原因也許不是出在學習的方法或是內容，單純只是因為沒有感受到足夠的樂趣。不過，只要在某個瞬間，發現到學習身體構造的趣味之處時，你可能會如鬼迷心竅一般，在學習上神速前進。

現在正在閱讀本書的你，如果正是一名治療師，請換個立場想想看，患者也會覺得與其接受因為不得已而學習的治療師來治療，更希望能被對人體構造有興趣的治療師所治療吧。

「讓治療師成為令人景仰的工作」是我的夢想，為此，我期望所有的治療師都能養成良好的學習習慣。

不管是執行術式的治療師，還是接受治療的患者，我深切盼望當你們想要學習肌肉與骨骼的知識時，本書能成為讓你們感受到「樂趣」的一個契機。治療師在學習之後能將所學實際應用在治療現場；患者也不再只是被動地被治療，而能對自身的病痛不適有更深入的理解；一般人或運動健身員也能在學習身體結構後，更懂得正確使用、修復身體。

上原健志

Contents

第3章 上肢的骨骼與肌肉

第4章 胸部的骨骼與肌肉

第5章 腹部・骨盆的骨骼與肌肉

第6章 背部的骨骼與肌肉

第7章 下肢的骨骼與肌肉（一）

第8章 下肢的骨骼與肌肉（二）

【先備知識】主要骨骼的位置

由約200根骨頭構成的身體骨骼（正面）

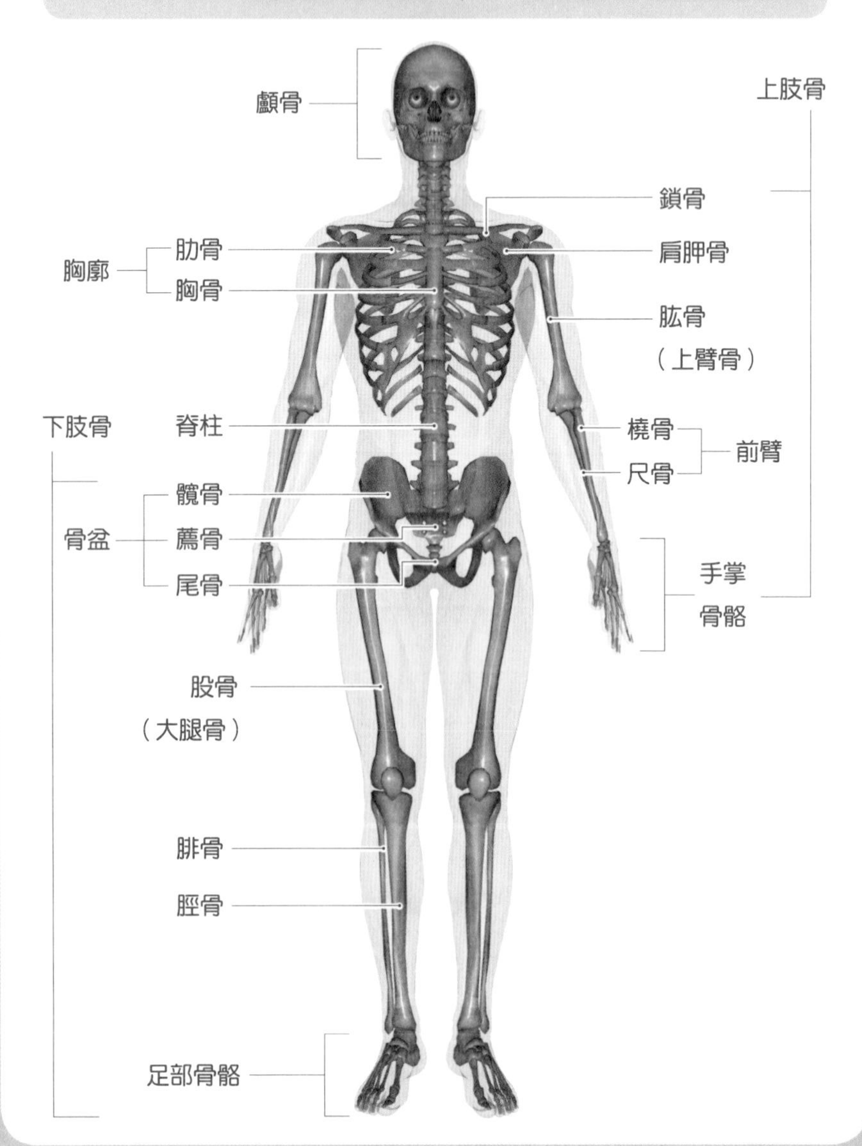

骨骼保護體內各種臟器承受外部衝擊

骨頭、關節、肌肉相互連接讓身體可以做出各種動作

人體裡有200根以上大小不同的骨頭，從頭到腳構成我們全身的骨骼形狀。

身為全身司令總部的大腦所在的頭部，有腦顱骨與面顱骨等23根；頸椎有7根；從肩膀到手指的上肢部分有64根；胸骨和肋骨有25根；脊柱、尾骨有25～28根；下肢部分則有62根骨頭。

骨頭和骨頭間有堅固的韌帶連結著關節，而也因為有關節，人體才可以彎曲、伸展、扭轉、迴旋，讓各種複雜的動作成為可能。

關節之間還有富含彈性的軟骨，能夠吸收人體活動時骨頭所受到的衝擊力。再者，關節被名為「關節囊」的袋狀組織所包覆，裡面充滿著液體，所以能讓關節順暢的移動。

最後，讓骨頭和關節移動的便是肌肉。

依據不同的形狀或功能骨頭大概可以分為六類

依據骨頭所在的人體部位（位置），其大小、形狀、功能都會有所不同，而按照其特徵大致上可以分為六類。

以形狀來看的話，又細又長的「長骨」，像肱骨或股骨，可以從關節處做出大範圍的移動，進行各式各樣的運動。順帶一提，大腿骨是人體中最長的骨頭，約有人體的四分之一長。

「扁平骨」的形狀正如其名，呈平板狀，像是和肩膀活動有關的肩胛骨、保護腦部的額骨或頂骨等皆是。其他還有像是滚石狀的「短骨」、脊椎骨等「不規則骨」，以及「含氣骨」和「種子骨」。

由約200根骨頭構成的身體骨骼（背面）

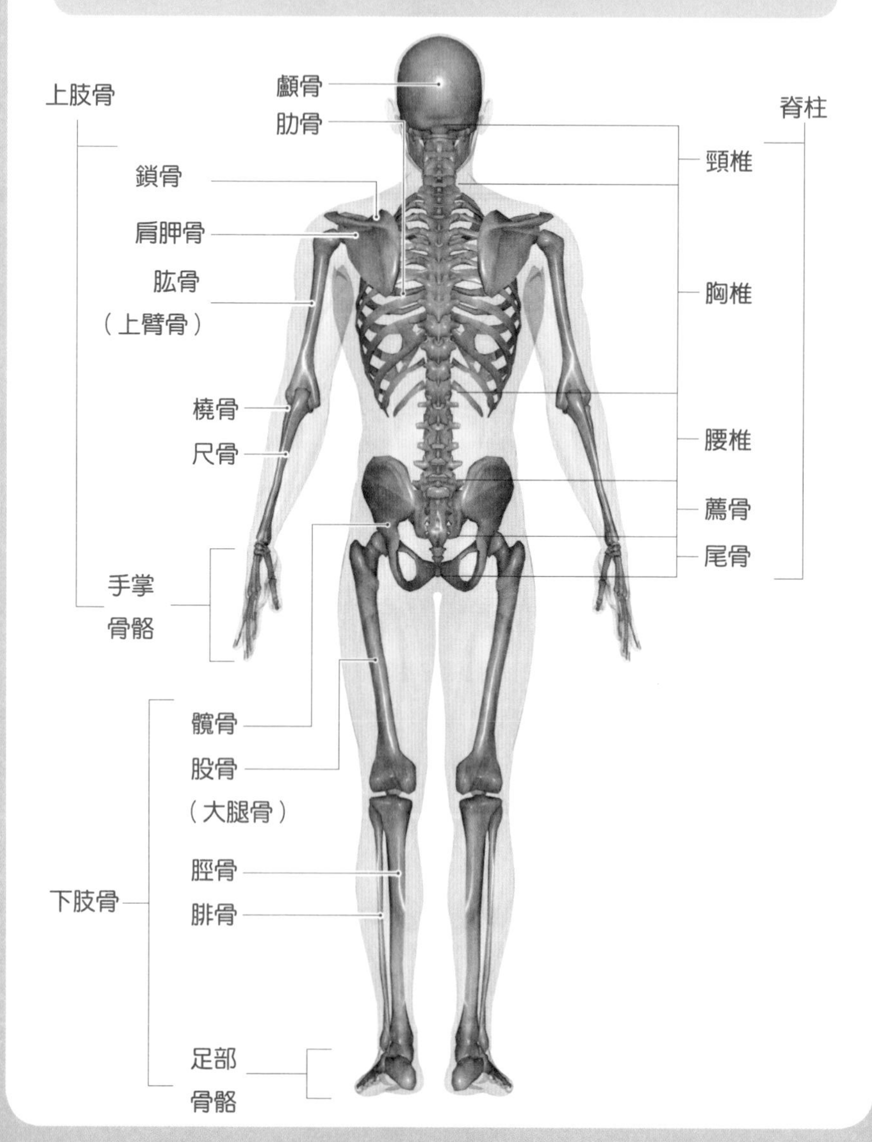

骨骼既是運動的支點 亦有製造血液的功能

不只是支撐身體 骨骼還有各種功能

骨骼位於人體內，平時光靠肉眼無法看見，因此有很多人一定覺得骨骼不過是支撐人體的骨頭而已，沒有太清楚的概念吧。骨骼除了讓我們保持良好的姿勢、執行各種動作，還有很多重要的功能。

●成為運動的支點、傳達力量

透過肌肉連結骨骼，並以關節為支點，如此才能將力量傳達到手腕或腳上。

●保護內臟或神經系統

由於人體內部的臟器經不起外界的衝擊，所以必須藉由顱骨來保護腦髓、肋骨保護心臟與肺、脊椎保護脊髓。

●製造血液

位於骨骼中心的骨髓裡，具有構成血液元素的造血幹細胞，能製造白血球、紅血球或血小板等等。

●儲藏鈣質

人體中有99%的鈣質存在於骨骼中。骨骼可謂是儲存鈣質的寶庫。

只要知道骨骼的形狀和名稱 就能理解其意義與作用

當我們仔細去探究每個骨頭時，會發現骨頭在每個部位都有不同的名稱，透過了解它們的名稱、形狀或特徵、作用，就能明白相互之間都有其意義。

以俗稱大腿骨的股骨為例，骨頭本體的中央部分因為被稱為「體部」，所以是「股骨體」；股關節中和骨盤連結的部分是骨頭前端「頭」的部分，所以稱為「股骨頭」。另外，像是脊椎的中央部分就稱作「椎體」。

像這樣，將各部位骨頭的形狀或特徵和名稱連結起來的話，就能夠輕鬆地記憶在腦海中。

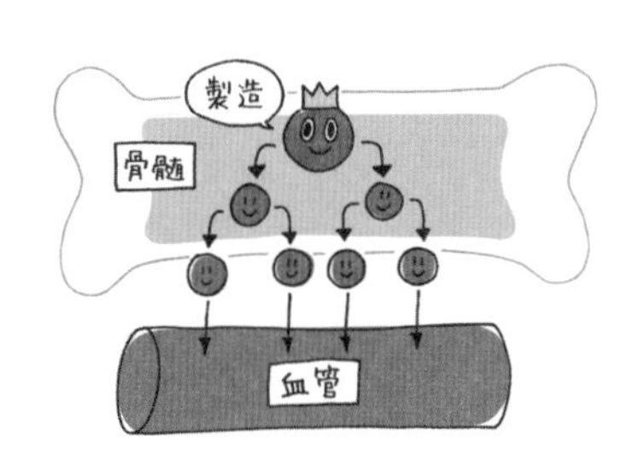

支撐人體的全身肌肉（正面）

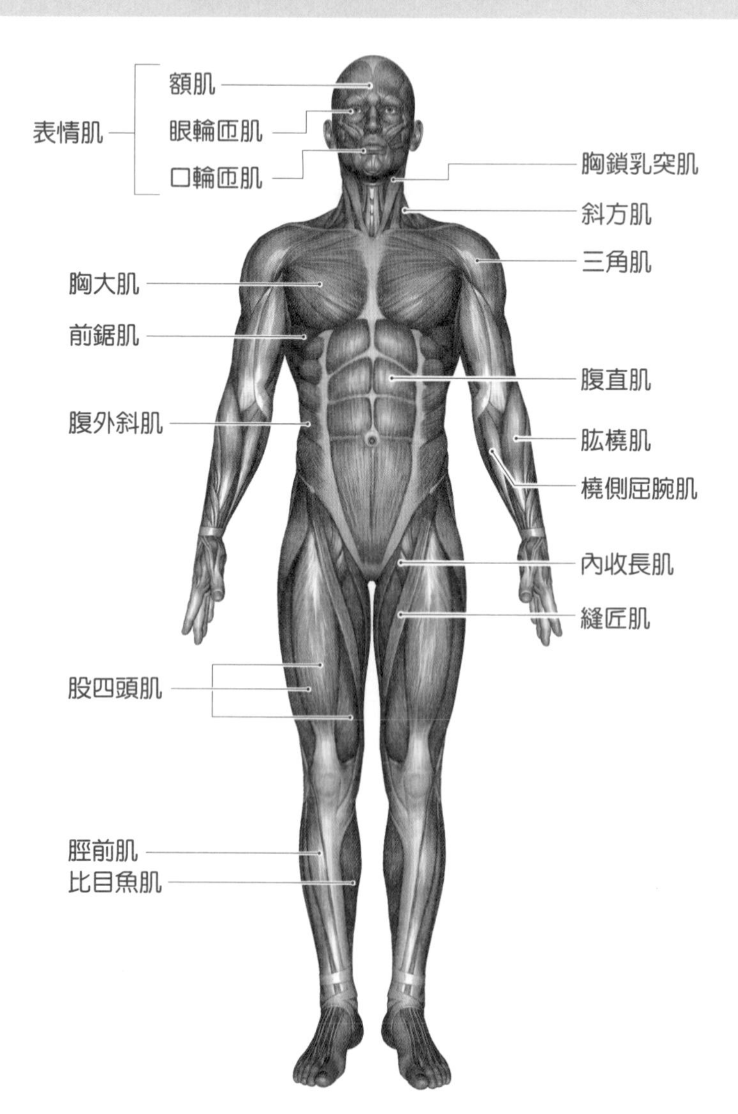

透過將肌肉分類
便可以理解其特徵或作用

維持獨立活動不可或缺的全身肌肉有400種

肌肉連接骨骼和關節，讓人類得以獨立活動。人體中約有400種功能與大小不同的肌肉，雖有個人差異，但約莫佔我們體重的40%左右。而根據肌肉的肌纖維、功能、作動的差異，可大致分為以下種類。

首先從肌纖維來看的話，可分為具有細微條狀紋路（橫紋構造）的「橫紋肌」，和沒有條狀紋路的「平滑肌」。其次，以功能來區分的話，橫紋肌中還可以再分為「骨骼肌」和「心肌」兩種類型。一般來說，我們對肌肉的印象就是它附著在骨骼上，能收縮以帶動骨骼或關節移動，像這樣的肌肉就是屬於骨骼肌；而心肌從字面上來看，就是永不止息地使心臟作動的肌肉。

再者，因為平滑肌構成胃腸、血管壁等部位，所以又被稱為「內臟肌」。另外，能自己移動的稱為「隨意肌」，不能自己移動的則稱作「不隨意肌」。

根據骨骼肌的形狀差異可用來判斷其種類

骨骼肌還可根據形狀來分類，比如：肌纖維較長的「平行肌」是中央膨大、兩端細長的形狀，可說是肌肉的基本形狀；肌纖維較短的「羽狀肌」則有像鳥類羽毛一樣的斜面纖維並行。此外，「二頭肌」是帶有兩個起點的肌肉，譬如肱二頭肌、股二頭肌；而「四頭肌」是由四塊肌肉構成，如腿部的股四頭肌包含：股直肌、股外側肌、股內側肌和股中間肌。

順帶一提，肌肉單體中面積最大的是位在背部的「背闊肌」，而體積最大的則是臀部的「臀大肌」，約有860cm³。複合肌肉中的股四頭肌，四個肌肉合計起來甚至有約莫1900cm³。

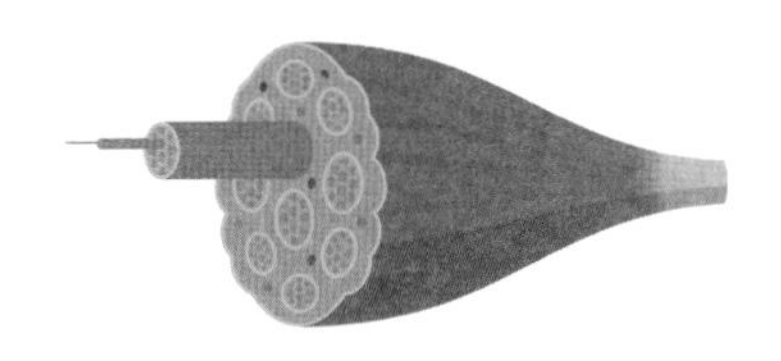

支撐人體的 全身肌肉（背面）

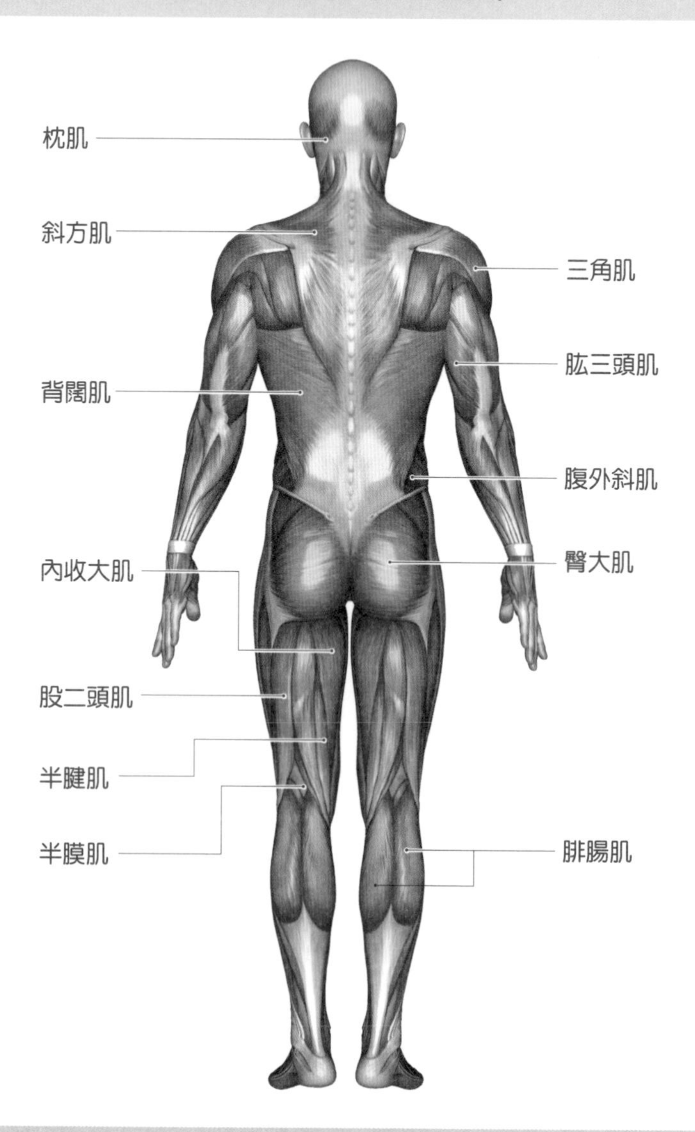

肌肉使骨骼與關節活動構成生命運作的基礎

從肌肉運作的方式來了解骨骼與關節的關係

知道肌肉的構造，就能了解骨骼與關節間的關係。在這裡我們試著用能依靠自我意識來移動的骨骼肌（隨意肌）來思考看看。

比如說，位於上肢中的肱二頭肌，其位置是從上方的肩胛骨（近端）至下方的尺骨和橈骨（遠端），在兩端處各由其堅固的肌腱連結著。幾乎所有的骨骼肌都宛如跨越關節一般，附著在骨頭上，其中動作較小的稱作「起點」，動作較大的稱作「止點」。

彎曲手肘時，肱二頭肌會向內收縮，使尺骨和橈骨也跟著靠攏，如此肘關節便會作動。換句話說，如果關節沒有作動，骨骼也不會移動，骨骼沒有移動的話，肌肉也不會移動。我們全身上下的各個部位都存在著肌肉，這些肌肉與骨骼、關節等部位連動，成為我們移動身體與使內臟運作的原動力。

從形狀或部位等特徵更易於記憶各肌肉的名稱

也許有些人會覺得「肌肉的名稱都很陌生、很難記」，但其實肌肉和骨骼的命名一樣，依據部位或形狀等特徵，各有其規則可循。

①部位：**胸大肌、腹直肌、背闊肌、肱三頭肌等**

②形狀：**三角肌、菱形肌、前鋸肌等**

③作用：**內收肌、旋轉肌、屈指淺肌等**

④走向：**腹外斜肌、腹橫肌等**

⑤個數：**肱三頭肌、股二頭肌等**

⑥形容詞：**大圓肌、伸拇長肌等**

利用這樣的角度來記憶肌肉的名稱，就會變得很容易唷！

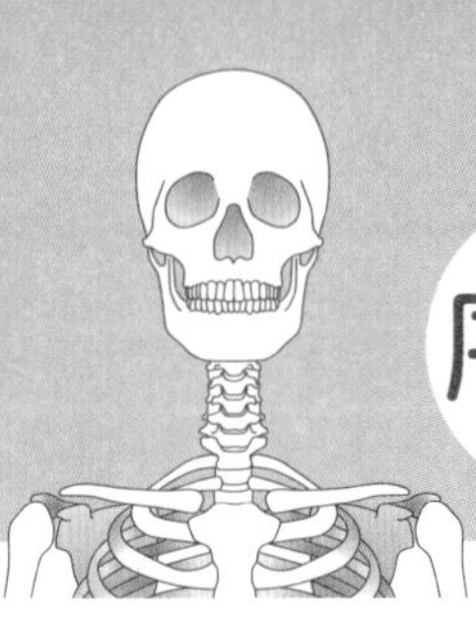

序章 治療時需要特別

在學習肌肉知識時需要意識到的三件事

拿起本書的人，想必是覺得學習身體組織這件事對自己在某方面上有其重要性吧。確實，若你從事的是整復推拿、物理治療等相關工作，好好學習人體結構是一件相當重要的事情，但誠如本書開頭所言，多數人往往會落入「找不到學習的時間」、「念書的習慣難以持續」的現實中。所以，為了不要讓各位也陷入這樣的情況，在開始學習關於肌肉與骨骼的知識前，我想先說明三件重要的事。

①了解自己為何而學習

我自己以前也是，雖然腦子裡隱約知道學習很重要，但卻無法具體說出到底是什麼東西為何重要，也就是說真正知道「為什麼」的人非常少。而其實不了解這個「為什麼」，正是開頭我所說的「學習無法持續的重要原因」。

比方說，本書是關於肌肉知識的書，因此我想大部分閱讀的人都至少能了解學習肌肉知識的重要性，但問題是這些人是否能具體的說明「為什麼肌肉是很重要的？與我們生活有什麼關係呢？」。

為什麼肌肉的保健與治療很重要？

讓我們以腰痛為例來思考這個問題的答案吧。據說在全日本中約有三千萬人有腰痛問題，數量之大簡直可稱為「國民病」。理所當然

留意的骨骼和肌肉

的，在整復、推拿或復健等治療現場中，也就最容易遇到腰痛的患者。但在這裡我想談的是關於「惡化的順序」。

我想本書的讀者中一定也有很多人有腰痛的煩惱，但疼痛的程度從輕症到重症，症狀的範圍相當廣泛。假設我們把椎間盤突出或椎管狹窄症等可能需要進行手術（依據情況而異）的狀態視為「重症」，那麼本來沒有腰痛也沒有任何症狀的人，除非遭遇重大的交通事故等情況，否則很難想像腰痛是會突然變得這麼嚴重的病症。以多數人的情況來說，在變成「重症」之前會先出現「中症」，而在那之前是所謂的「輕症」，然後再更往前推測的話，應該會從察覺到腰部有一點異狀開始。

骨骼是神經組織的保鏢

那麼，這種腰痛的惡化在解剖學上是以什麼樣的角度來解釋呢？前面我提到，重症指的是椎間盤突出或椎管狹窄症等疾病，這些疾病有一個共通點便是「神經系統」受到阻礙。神經系統是一個我們平常

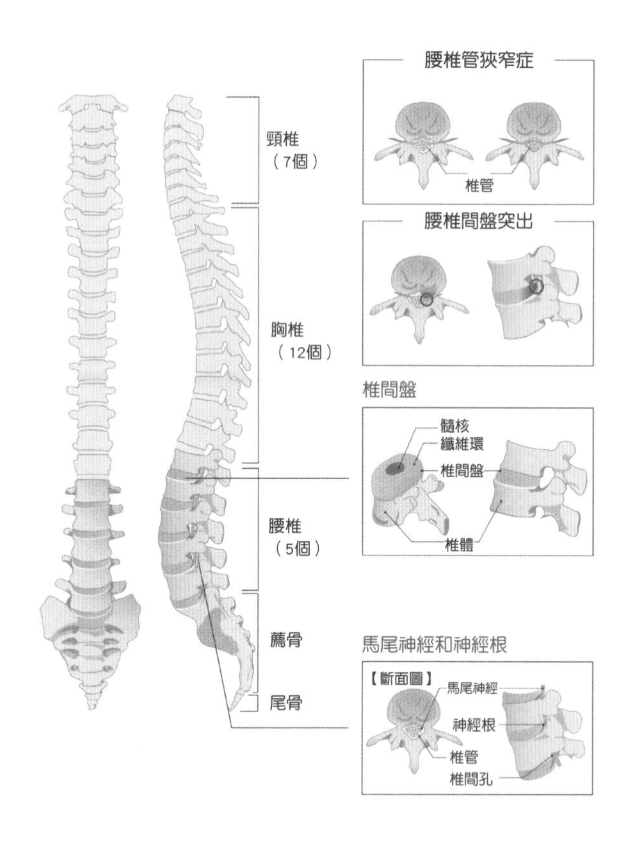

不太會意識到的組織，比方說，當手肘處在不舒服的狀態時，手指會產生麻痺的感覺；或是盤腿時間過長的時候，腳會暫時失去知覺，像這樣我們只是隱約感覺到它的存在，除此之外對這個組織並不熟悉。話雖如此，正因為神經系統是非常重要的組織，所以才難以從體表輕易觸碰，就像腦部被顱骨包住、脊髓被脊椎緊緊保護住一樣，神經系統也需要受到保護。

也就是說，我們的「骨骼」組織能發揮保護「神經」組織的作用。從神經組織的角度來看，骨骼組織就像保鏢一樣保護著它們，是值得讓人依賴的組織。

肌肉
是骨骼組織的保鏢

說到這裡，當我們開始關注腰

的部分時，就會發現腰椎的骨骼組織其實非常脆弱。就像從骨骼圖中可以看到一樣，單單只有五個脊椎，彷彿敲不倒翁遊戲一樣垂直重疊成一行，是缺乏穩定性的構造。不過相對之下，卻有相當優秀的「可動性」，因此我們的腰部可以做出前彎、後彎、側彎等各種動作。雖然不光只有缺點，但按照這樣的狀態，是絕對缺乏能夠完整保護神經組織的安定性。

因此，在這裡便輪到「肌肉組織」登場了。肌肉組織會形成可補強安定性的形狀，例如腰大肌、豎脊肌、腹直肌、為了提高腹壓的腹橫肌或腹斜肌等等，有許許多多的肌肉們支撐著脊椎，在人體中數量多到可以說是第一名的程度。誠如剛才所說，骨骼組織是神經組織的保鏢，而在腰椎部分，則更有肌肉組織作為骨骼組織的保鏢。

需要維護肌肉健康的理由

差不多可以來統整一下結論了，如果稱最終階段的重度腰痛是「神經組織」的障礙，那麼中等症狀指的就是支撐神經組織的「骨骼

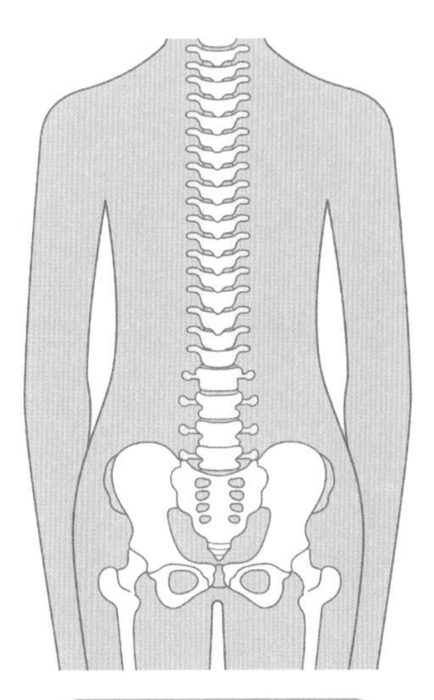
正常的脊椎

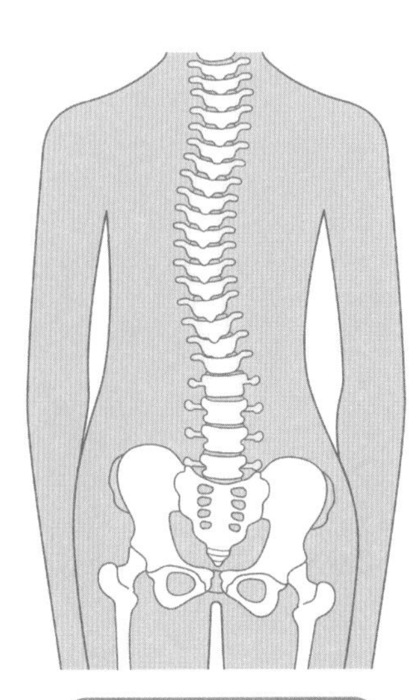
歪斜的脊椎

組織」發生障礙。像是脊椎或骨盆的變形、關節發炎、韌帶或關節軟骨等關節層面的問題，都可以算是中等症狀的範圍。

而因為支撐骨骼組織的是「肌肉組織」，所以被視為輕症的便是肌肉組織裡所發生的障礙。比如肌肉僵硬、疲勞、發炎等等。

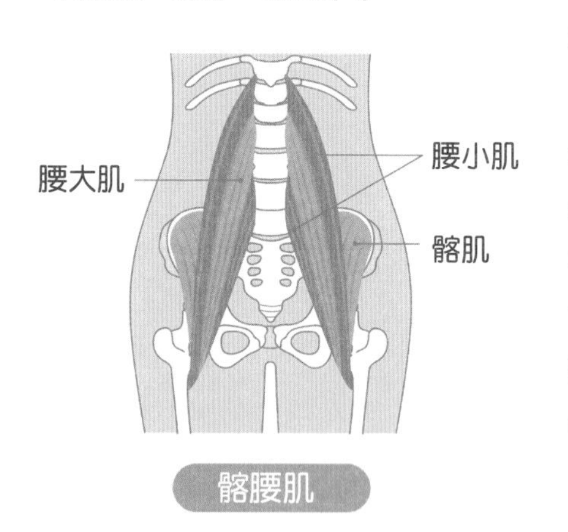

髂腰肌

總歸一句，對肌肉進行治療的理由，坦白說就是為了能夠早期發現疼痛（腰痛），及早進行適當的處置。換句話說，不管多小心地去呵護骨骼或神經，只要沒有給予肌肉適當的照顧，最終也只是「等待惡化」而已。

如果各位也走在腰痛惡化的過程，會希望在哪個階段被阻擋下來呢？你會希望病症拖到出現神經症狀（也就是重症）的時候嗎？而如果你是治療師的話，不，正因為是治療師，所以能在患者有輕症的時候就馬上出手援救。也就是說，精通所有與肌肉相關的知識絕對有其必要性。

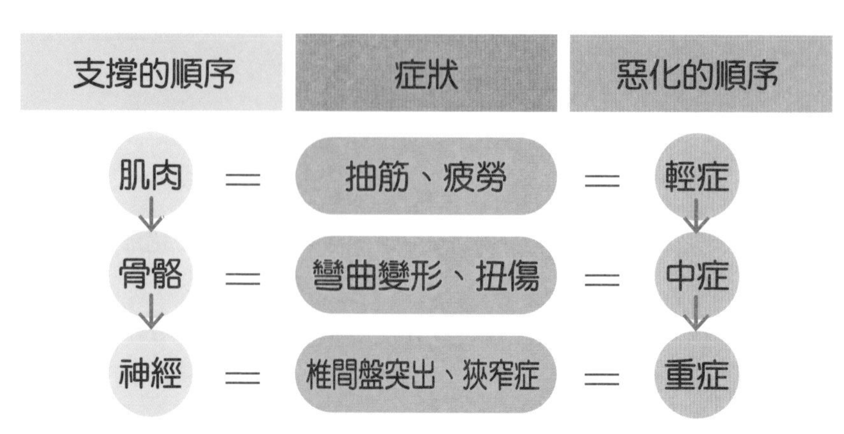

②了解骨骼對於肌肉的作用

曾經有某個學生因為覺得「學習肌肉知識很困難」而來向我諮詢，他遇到的困擾是「無法記住肌肉的名稱」、「不太清楚肌肉的位置」。我不禁猜想和他有相同煩惱的人一定不在少數吧，但其實對於這個問題，我給的回答是「兩個都不重要」。

我們打個比方，假設你必須要記住電車（或公車）的路線圖，那麼以東京為例，你絕對不可能一開始就記住「山手線」或「中央線」吧，就算記下來了也僅是模糊雜亂的印象，例如，京王線大概是行經東京西邊、總武線是前往千葉方面之類的。

在這裡，最重要的第一件事是記住「車站的位置」，譬如「東京車站」、「新宿車站」、「橫濱車站」等等，只要先掌握主要車站的

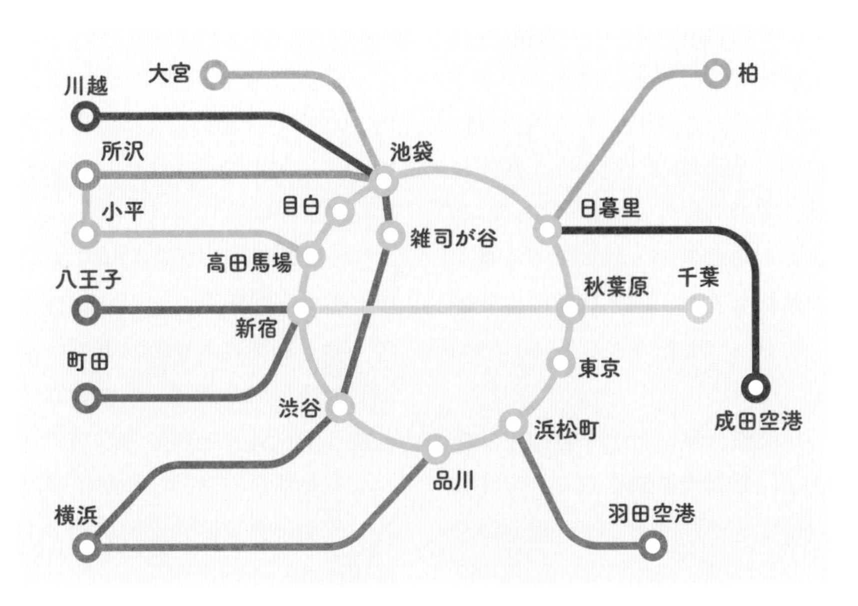

位置，就能更容易記住連結它們的線路。在記憶你家附近的電車（或公車）路線圖時，比起它們經過哪裡，先意識到車站的位置應該會更好理解。然後，下一個要記住的是「運行方向」，是往南還是往北呢？那班車是往哪個方向行走呢？是前往東京車站，還是遠離東京車站？請以這樣的方式思考。

想像肌肉是「線路」骨骼是「車站」

我們現在就用相同的思考方式來看人體的肌肉吧。

肌肉裡有「起始」（起點）和「停止」（止點）的地方，而那些地方幾乎都是骨骼。當肌肉收縮的時候，骨骼之間會互相靠近或遠離，這樣的動作使我們的關節能夠作動。也就是說，假設肌肉本身是「線路」的話，成為車站的就會是「骨骼」，而相當於車體運行的就是「作用」。

那麼，當你把所學過的全部肌肉都回想起來並寫下來時，究竟能否理解那些肌肉會跟從哪裡到哪裡的骨骼相連（起始與停止），或是收縮時關節如何作動（作用）呢？如果不知道這些答案，就像記憶電車路線圖時無視車站的名字一樣，甚至連電車往哪個方向前進都不知道，當然在理解上就會遇到很大的困難。

但是，並沒有必要為此感到挫折，尚有需要學習的地方就表示還有「進步的空間」，所以反而應該感到慶幸。當你開始學習肌肉的知識時，就能理解自己哪裡有所不足，接下來就會越來越進步。

想像船和港口的關係

而在學習骨骼與肌肉的知識時，比起「肩胛骨」這樣粗略的分類方式，如果能再多記住一些細節的話就更完美了。

比方說，有一艘船以港口為目標行進中，就算目的地一樣在北海道，函館和稚內所在的位置完全不同吧，所以光是憑藉「前往北海道的船」這個資訊，對於這艘船的運行情況依然無法充分的理解。同樣的，「附著在肩胛骨上的肌肉」這個說法也太過草率了。

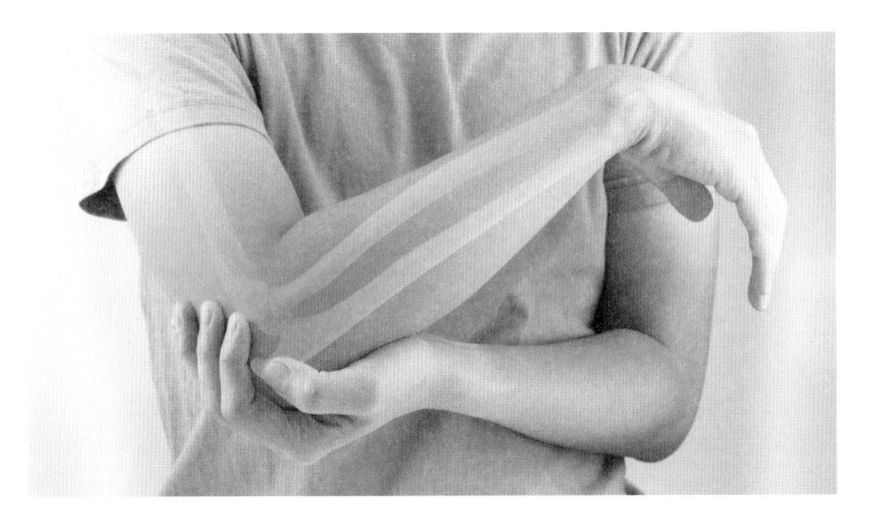

如果和「前往北海道『函館』的船」一樣，能說出「附著在肩胛骨『喙突』上的肌肉」，像這樣具體明示肌肉是附著在骨骼的哪裡，就是一種讓人很好理解的表達方式。不過呢，我自己也曾為這個說法的複雜性感到困擾過。

「肱骨外上髁」、「尺骨莖突」、「髂前上棘」等等，看到這些陌生單字排列在一起，會讓人瞬間感到畏懼吧！只靠自己的力量在學習的人，大多數就會在這裡放棄了。但其實我後來發現，造成困難的並不是學習內容的難易程度，說穿了，僅是語言文字的障礙而已。這就是為什麼本書的內容不侷限於肌肉，也盡可能地把骨骼的相關資訊一併記載下來的原因。

在開始學習肌肉的知識前，學習關於骨骼的基礎知識，一定能讓你對學習內容有更深刻的理解。

注意肌肉附著在骨骼的何處就容易記憶

肱二頭肌附著在肩胛骨和前臂橈骨的●部分，在彎曲手肘時作動。起點是肩胛骨，止點是前臂橈骨。

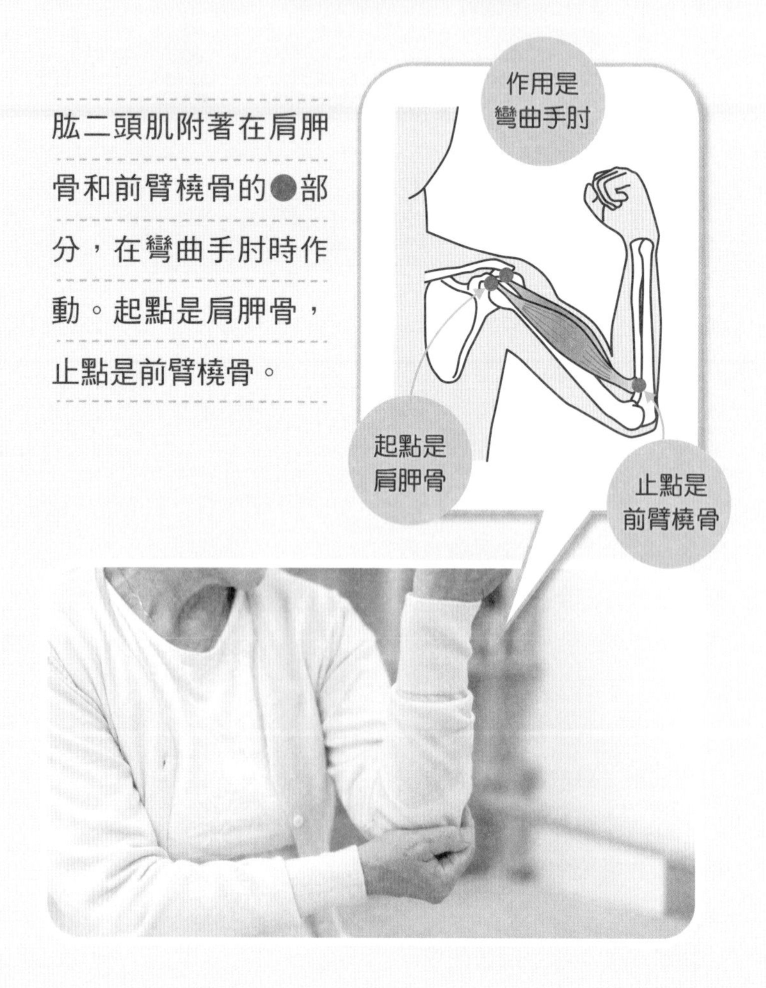

③了解疼痛的治療應結合病理學

「精通解剖生理學的話，就能在醫療現場做到更好的治療嗎？」

聽到這個問題我也很想回答「是的」，但很可惜，答案「不是」。為什麼？這個答案很簡單，因為解剖生理學是一門研究「健康人體」結構的學問。然而，「腰痛」、「肩膀僵硬」、「頭痛」、「關節痛」……來尋求治療的患者基本上都不是那麼健康的人。如此一來，只靠研究健康人類的解剖生理學當然有所不足。剛才所列舉的這些症狀的學識，便是所謂的「病理學」，如同字面意思是一門研究疾病原理的學問。

當然，治療師並不能「治癒」這些疾病，就算要幫助患者預防，不了解疼痛原理的話也沒辦法有效指導。先前我說學習肌肉的知識是為了在輕症的時候及早處理，但除此之外，也有必要知道「那個肌肉有可能會引發什麼疾病」。比方說，當名為「梨狀肌」的肌肉感到不舒服時，就有可能導致「坐骨神經痛」；引發「五十肩」的原因則可能來自「三角肌」的不適。透過肌肉和病理互相連結，就可以理解患者所說的身體不適，之後進行適切的治療，如此有效解決患者的不適，進而得到患者的信賴。

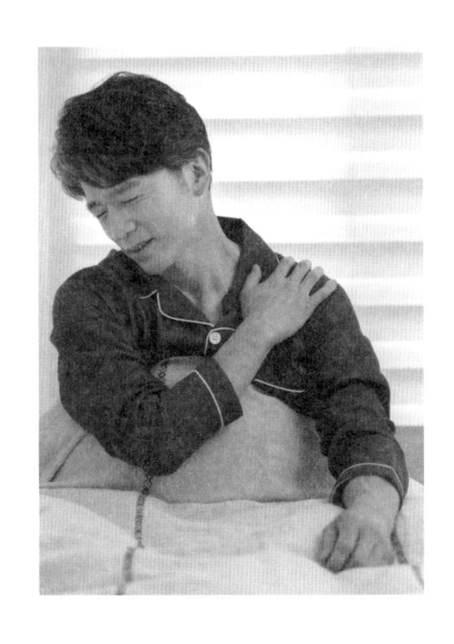

本書基於這樣的理由，特別著重於身體各部位名為「姿勢不良」的病理，並加以解說。只要能改善姿勢，不必多說，當然也能預防肩頸僵硬、腰痛等慢性病的形成。

在這裡我說明了三個要點，不知道各位是否能因此感受到學習肌肉知識的價值了？不管怎麼樣，只要能掌握這三點，必定能得到更好的治療結果，然後學習本身也會變得更有趣。當你覺得有趣時就會自然地想學習，然後得到更好的結果，得到好結果後更能感受到學習的樂趣而變得更想學習……如此建構出一個良性循環。我想告訴各位，這是誰都能做得到的事。無須對這門知識感到害怕，接下來請試著依照我所說的思考方法，開始來認識身體各部位的肌肉吧！

身體動作的用語說明

要了解身體動作或肌肉作用時，須先認識基本術語，
以下為書中較常出現的幾個詞彙，在不同部位會有不同的表現方式。

伸　展：讓關節打開或伸直的動作。
屈　曲：讓兩個骨頭靠近或彎曲關節的動作。
側　屈：向側邊屈曲。
前　屈：通常指軀幹向前屈曲。
後　屈：通常指軀幹向後伸展。
足蹠屈：足尖下壓的動作（遠離腳背方向伸展）。
足背屈：足尖上翹的動作（向著腳背方向屈曲）。

內　收：四肢朝身體中線靠攏的動作。
＊肩部：手臂朝腋下收緊。
髖部：合起腳。
外　展：讓四肢遠離身體中線的動作。
＊肩部：手臂向側邊舉起。
髖部：張開腳。

內　旋：肢體轉向身體中線的動作。
＊肩部：屈曲手肘向內擺動。
髖部：大腿向內轉，足部向外移動。
外　旋：肢體轉向身體外的動作。
＊肩部：屈曲手肘向外擺動。
髖部：大腿向外轉，足部向內移動。
手旋前：手掌朝內側旋轉（向下翻）的動作。
手旋後：手掌朝外側旋轉（向上翻）的動作。

關於身體活動可以三個基本面解說。
矢狀面：將身體分為左右兩半的切面。
額狀面：將身體分為前後兩半的切面。
橫切面：將身體分為上部下部的切面。

第1章

頭部的骨骼與肌肉

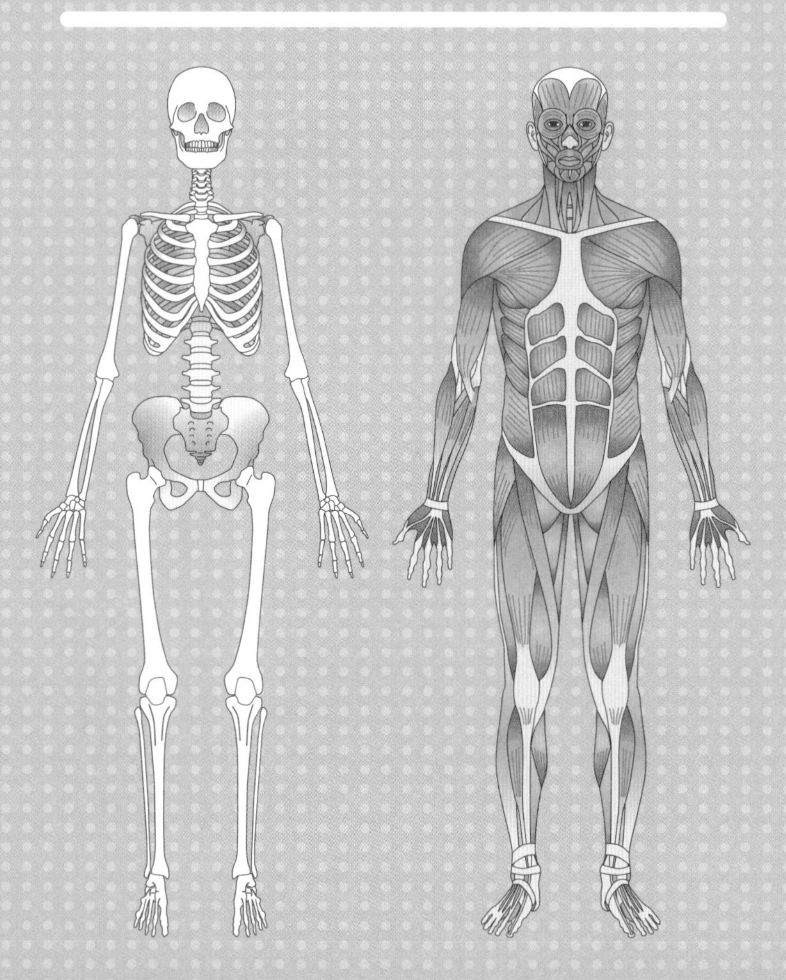

頭部的骨骼

保護最重要的大腦

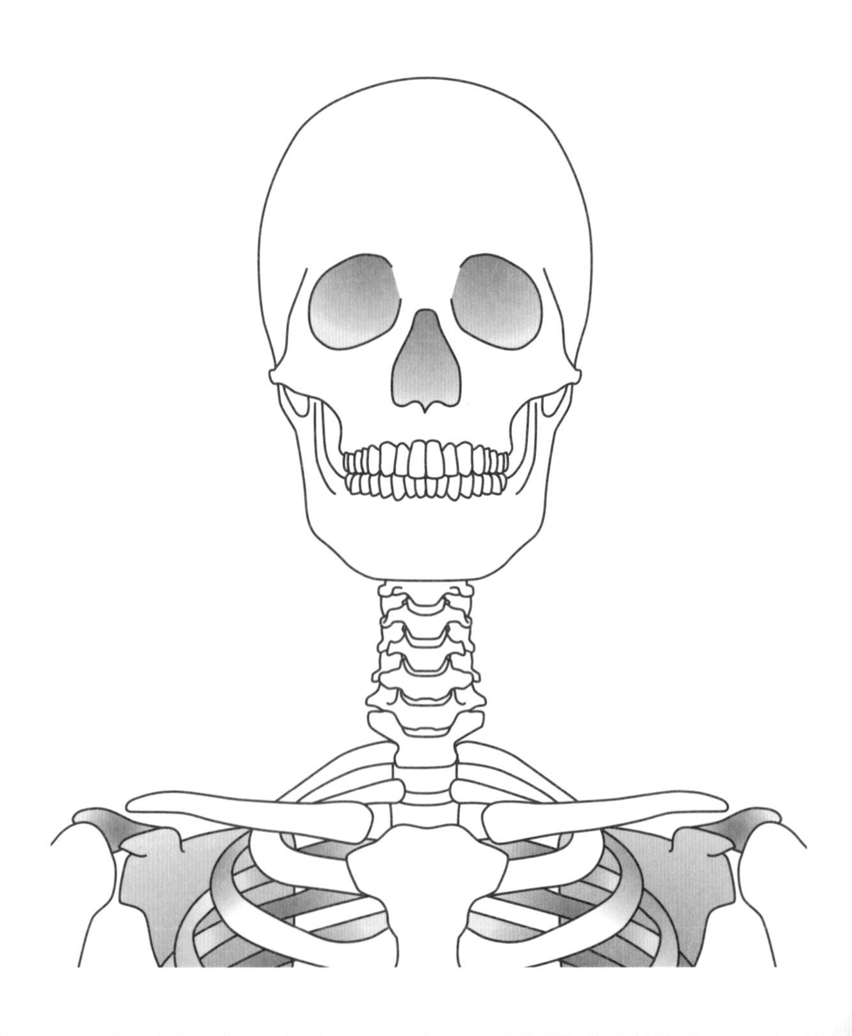

保護腦部的腦顱骨
和形成臉部的面顱骨

保護腦部的半球形腦顱骨
由5種7個不同的骨頭構成

頭部的骨骼分成保護腦部的「腦顱骨」和形成臉部的「面顱骨」。腦顱骨是俗稱頭蓋骨的半球形部分，它不是單一個骨頭，而是由眾多骨頭所形成。從位於頭部前方的「額骨」開始、左右對稱的「頂骨」、連接到後腦杓的「枕骨」，然後包含左右成對的「顳骨」，以及形狀如蝴蝶的「蝶骨」，總共由5種7個不同的骨頭連結構成。

從側面可以看到骨頭之間有像縫線一樣的縫隙，這個是骨頭的連結線，稱為「骨縫」。從骨頭與骨頭的連結來看，又可分為像手肘或膝關節一樣具有可動性的「可動關節」，還有像腦顱骨的骨縫一樣，雖然連結在一起可是不能移動的「不動關節」。不同骨頭之間的連結線也有各自的名稱，額骨和頂骨之間的稱為「冠狀縫」，頂骨和枕骨之間的是「人字縫」，頂骨和顳骨之間的則稱作「鱗狀縫」。

大小不同的16個骨頭
形成面顱骨的形狀

面顱骨由16個骨頭所構成。眼睛和鼻子周邊有和鼻軟骨一起形成鼻子的「鼻骨」、眼窩的內壁前部有像指甲般薄板狀的「淚骨」，這些都是左右成對的骨頭。而鼻腔內有分隔左右兩邊的「篩骨」，其形狀複雜且骨頭內具有許多空洞。

臉部的主要部分由上頜骨（左右成對）和下頜骨、顴骨（左右成對）所構成，其他還有顎骨（左右成對）、犁骨、下鼻甲骨（左右成對）、舌骨。

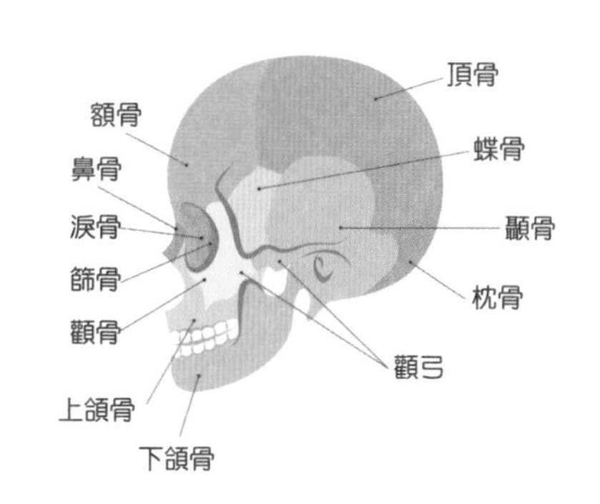

頭部的骨骼肌

大致可分為表情肌和咀嚼肌

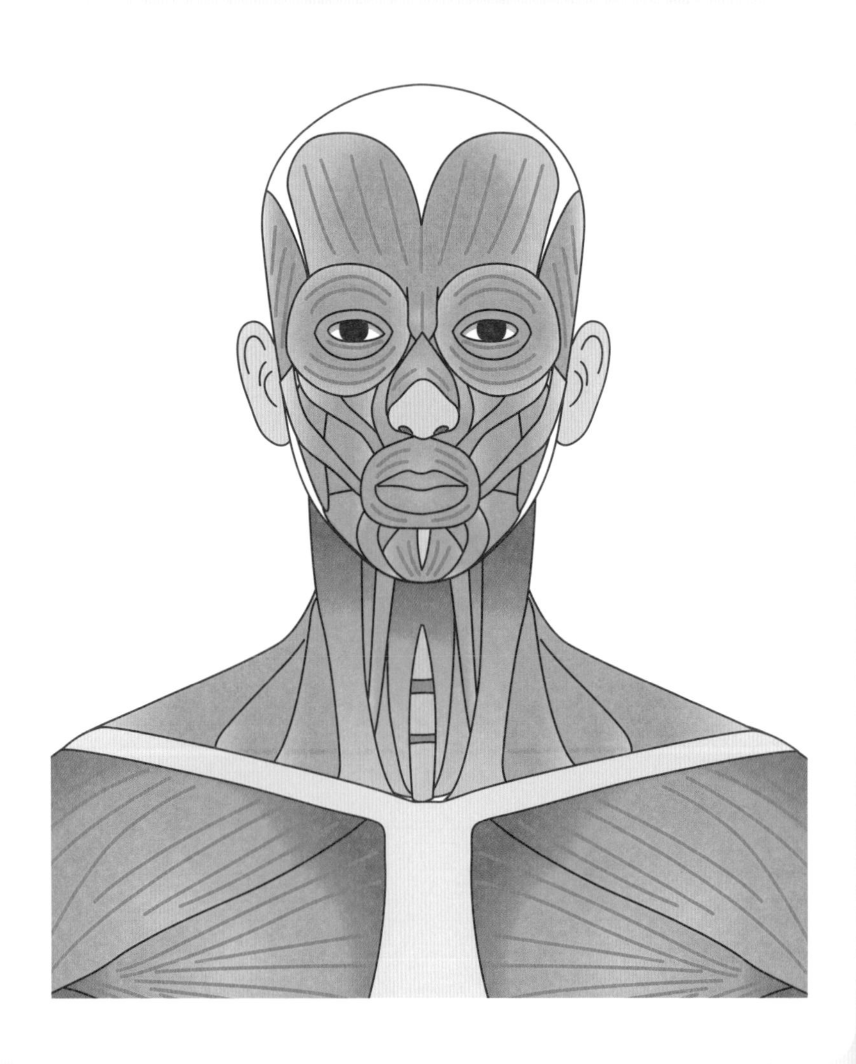

頭部的咀嚼肌像鮪魚一樣？
臉部的咀嚼肌包含「顳肌」、
「咬肌」、
「翼內肌」、
「翼外肌」四種。
上原老師
學生
老師！請問您說「咀嚼肌像鮪魚一樣」是什麼意思呢？
身體的肌纖維可分為紅肌（慢縮肌）和白肌（快縮肌）兩種。
紅肌的特色是富含耐力、持久力，白肌則有瞬間爆發力的性質。
鮪魚是紅肌
比目魚是白肌
因為鮪魚需要不斷的游泳，所以是紅肌吧！
紅的白的都好吃呢…
咀嚼肌是具有持久力的紅肌，所以我說「咀嚼肌像鮪魚一樣」……哇！
原來如此……
但是突然要記也記不起來四個……
不需要慌張，慢慢來就好喔！
我要用顳肌來好好咀嚼一下老師的溫柔。

Facial muscle

表情肌

我們的臉部存在著許多的肌肉，因此能表現出喜怒哀樂。透過一個個表情肌的作動，眼睛、鼻子或嘴巴等五官會產生變化，做出細膩的表情喔！

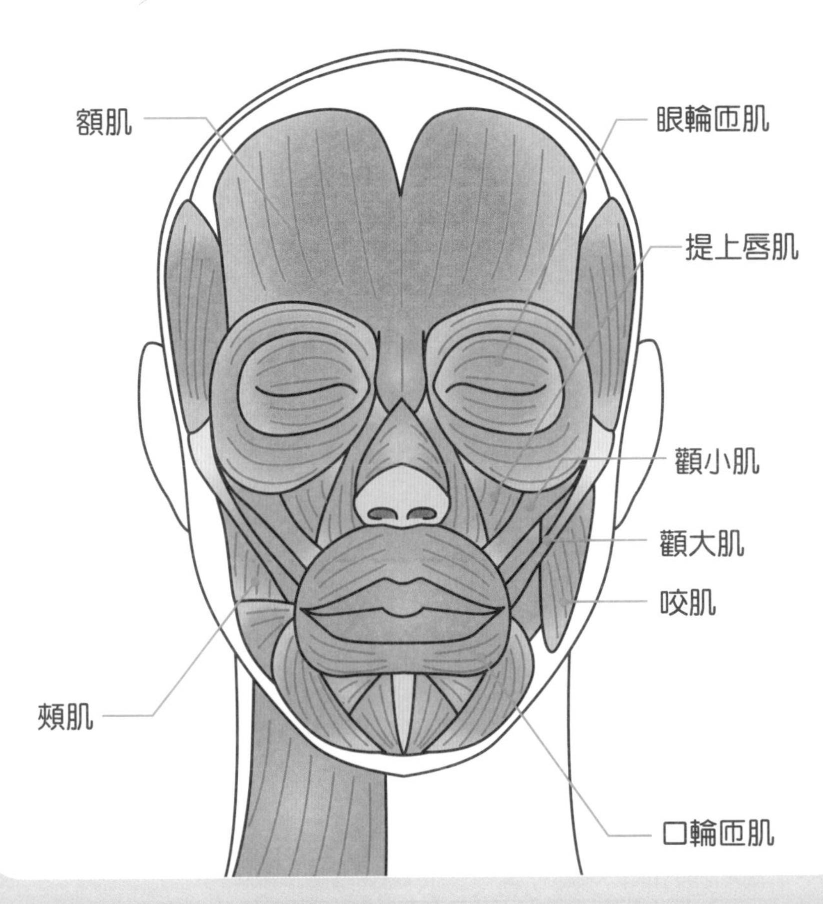

做出複雜的臉部表情 表情肌的種類

●額肌

使眉毛上揚的肌肉，從眉毛上方延展開來。如果這個肌肉萎縮的話，額頭上會產生皺紋。

●眼輪匝肌

使眼睛能夠開、闔的肌肉，環繞在眼部周圍。如果這個肌肉萎縮的話，就會造成上眼皮下垂，與眼尾產生皺紋也有所關連。

●提上唇肌

將上唇往上拉提的肌肉。

●顴大肌

將嘴角往臉部上方、外側拉提的肌肉。

●頰肌

使嘴角上揚的肌肉，從上下顎關節延伸到嘴角。如果這個肌肉萎縮的話，就會變成嘴角向下的表情。

●口輪匝肌

負責製造嘴部表情的肌肉，位於嘴唇的周圍。當這個肌肉萎縮的時候，嘴部就會產生皺紋、變得鬆弛。

●咬肌

為了咀嚼而存在的骨骼肌，位於顴骨附近。這個肌肉移動時，也會刺激到其他的表情肌。

Muscles of mastication

咀嚼肌

咀嚼肌是和下頜骨相關運動（主要是咀嚼動作）的所有肌肉總稱。由「顳肌」、「咬肌」、「翼內肌」、「翼外肌」四種肌肉所構成。對移動下頜骨、咀嚼食物有所幫助。

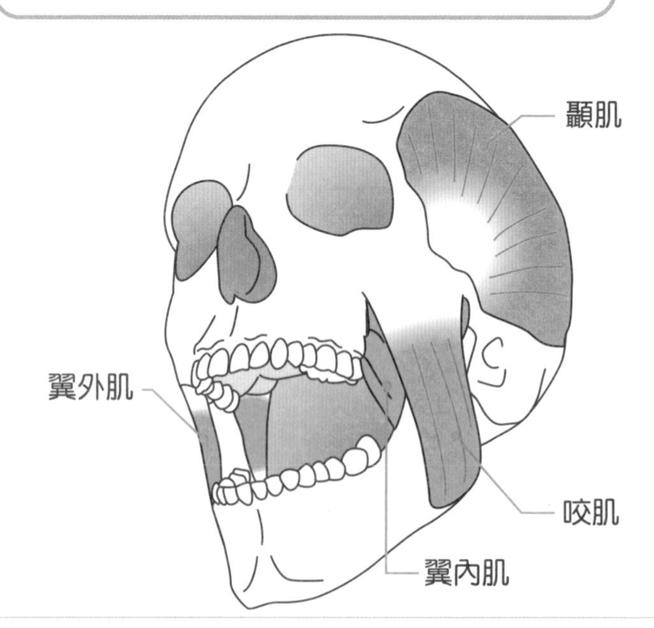

當「顳肌」、「咬肌」、「翼內肌」、「翼外肌」等咀嚼肌硬化的時候，有可能引起頭痛或是眼睛疲勞等不適。如果有嘴巴無法正常張開、臉部左右不對稱、嘴巴打開的大小只能縱向放入兩根手指等症狀，做放鬆咀嚼肌的伸展運動就能有效改善。

Temporalis muscle

顳肌

<u>產生咬合力量的強力肌肉</u>。作為咀嚼肌，有與翼內肌、咬肌一起闔閉下顎的作用。當我們將牙齒用力咬合的時候，可以感受到太陽穴處隆起，這就是顳肌在作動的證明唷。

支配神經

三叉神經第三分支（下頜神經）

作用

上提下頜骨（闔上嘴巴使牙齒咬合）

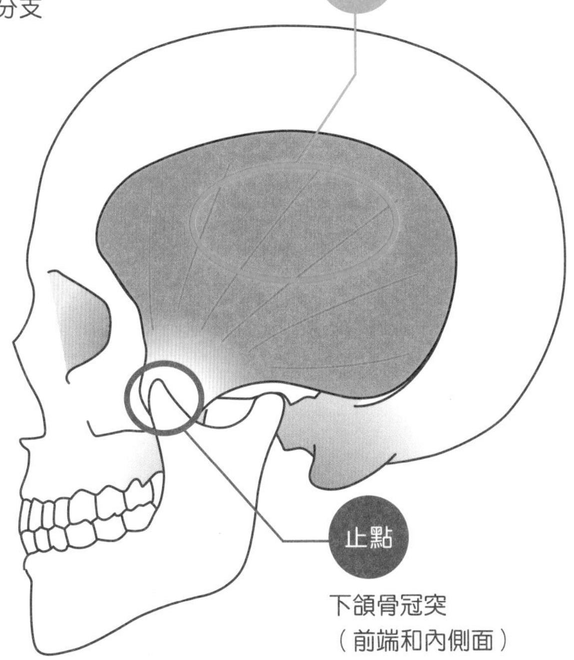

Medial pterygoid muscle

翼內肌

位於下巴深處的一個咀嚼肌，有咬合與使下巴向前推的功能。也能和翼外肌輪流作用，磨碎口內的食物。

起點
淺頭：上頜骨（粗糙面）
深頭：翼突外側板和翼窩的內側面

支配神經
翼內神經（三叉神經第三分支、下頜神經）

作用
上提下頜骨，並可將前移的下頜骨向後拉回

止點
下頜枝內側面

Lateral pterygoid muscle

翼外肌

位於顴骨深處的一個咀嚼肌，分成上部與下部，各有其作用，上部用來張開嘴巴，下部主要是讓下巴向前推出。嘴巴張大的時候，會把下頜骨的髁狀突向前方拉出喔！

支配神經

翼外神經（三叉神經第三分支、下頜神經）

作用

兩側翼外肌同時作動時，能使下頜骨向前（開口）；單側作動時，下顎會轉向對側，進行磨合動作

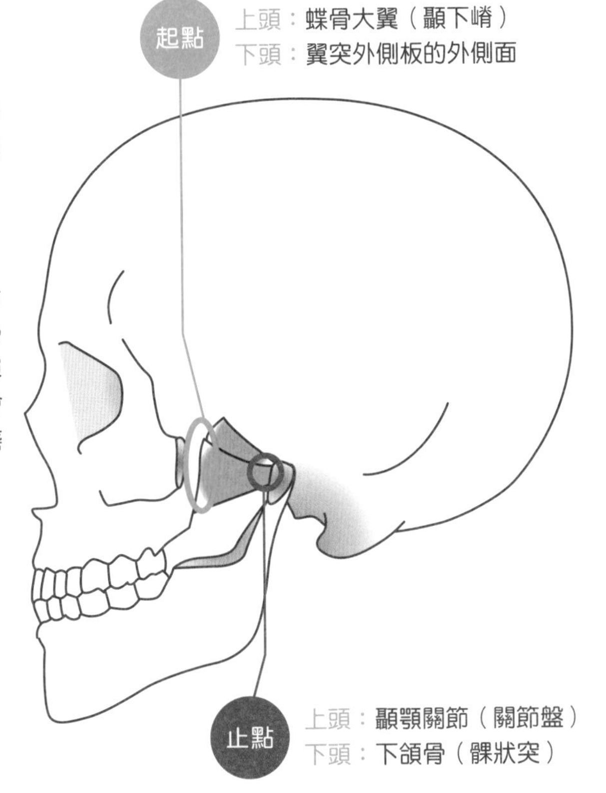

Masseter muscle

咬肌

屬於咀嚼肌的一種，位於最表層的地方。有淺部和深部兩個肌腹，能和其他肌肉一起作用使下顎閉合。因為肌肉的止點離顳顎關節較遠，所以可以比顳肌更有效率的發揮作用。

支配神經

咬肌神經

作用

上提下頜骨、執行咀嚼運動

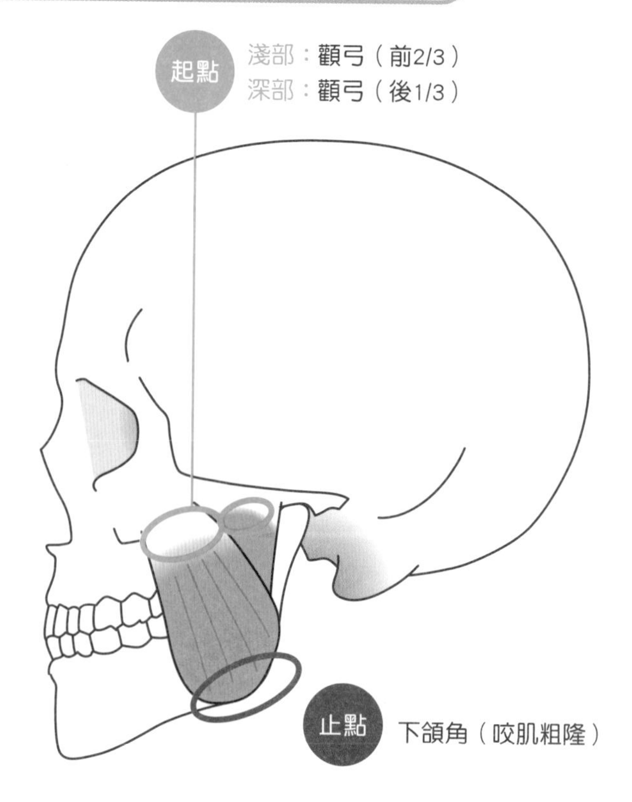

Orbicularis oculi muscle

眼輪匝肌

眼輪匝肌是圍繞在眼睛周圍、開闔眼皮時會使用到的肌肉，分為眼瞼部、淚腺部、眼窩部三個部位。要是眼輪匝肌退化的話，有可能會引起眼周下垂或眼周鬆弛等問題。

支配神經

顏面神經

作用

作為眼裂（指上、下眼瞼之間形成的裂隙）的括約肌活動，可使眼瞼輕輕閉上、眼窩用力闔上

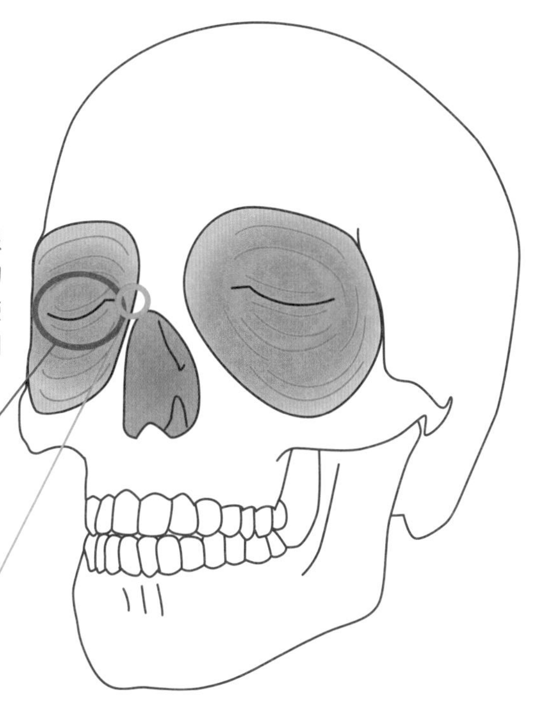

止點

眼窩緣的皮膚、上瞼板下瞼板

起點

眼窩內側緣、眼瞼內側韌帶、淚骨

Bbuccinator muscle

頰肌

位於臉頰略為深層的肌肉，具有使嘴角向外拉提的作用，閉上嘴巴時會使嘴唇向兩側延伸。還有像是吹喇叭時，把空氣從嘴巴吹出的動作，也是靠這個肌肉在作動。

支配神經

頰肌枝（顏面神經）

作用

把嘴角拉向外側後方，使嘴巴吹出空氣

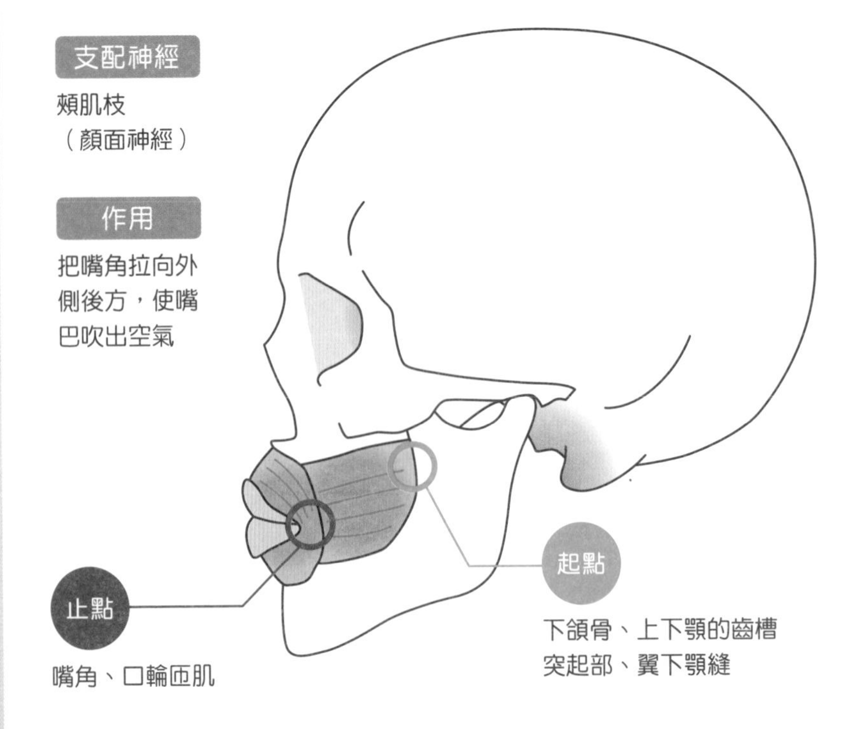

Orbicularis oris muscle

口輪匝肌

位於嘴巴周圍的肌肉，有使上下唇靠攏、嘴巴嘟起、闔閉的功能。例如吹口哨的時候，把嘴唇向前凸出便會用到這個肌肉。

支配神經

頰肌枝和下頜緣枝（顏面神經）

作用

使嘴巴用力閉上，嘴唇向前凸出（例如吹口哨等）

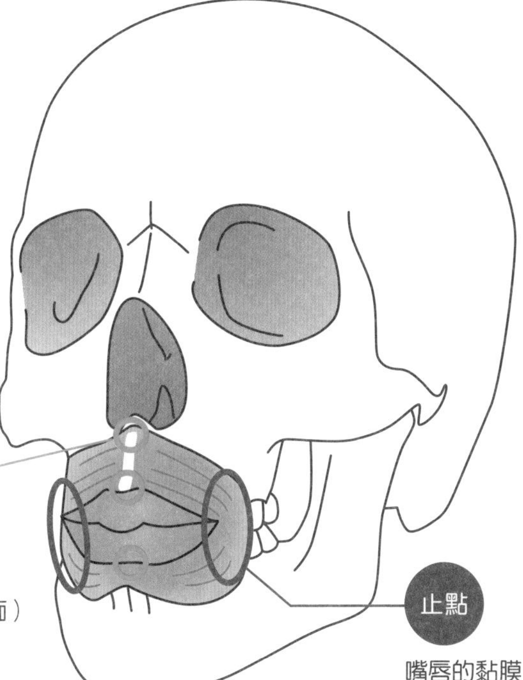

皮膚的深層
上側：上頜骨（正中線的平面）
下側：下頜骨

嘴唇的黏膜

頭部保健與治療重點

表情肌要輕輕的按揉 特別小心顳顎關節

表情肌和骨骼肌不同 具有特殊的功能

正在閱讀本書的各位，對頭部、顏面有多少了解，可能會因各自專業領域的差異而有所不同。如果是美療師的話，透過臉部等療程的訓練，平常對這些肌肉就有比較多的接觸；如果是以身體推拿按摩為主的整復師的話，相比之下對這些肌肉可能就會比較陌生。

在這裡首先必須要理解的是，臉部的表情肌和身體的肌肉有所不同，是有特殊功能的肌肉。會這麼說是因為一般我們所說的骨骼肌大多是起於骨頭、終於骨頭（序章裡談到的「起點」、「止點」），與此相對，表情肌屬於「皮肌」，是只讓皮膚移動的肌肉。換句話說，我們做出的表情（笑臉、哭臉、生氣的臉、困惑的臉等等），並不是像骨骼肌一樣透過關節來移動形成的，而是透過皮膚肌肉靠近或分離所形成的。

只需給予輕微的刺激 盡可能溫柔地按摩表情肌

比起讓關節移動，讓皮膚移動並不需要那麼大的力量，而且表情會頻繁的變化，所以也不需要持久力。同樣的，只要是肌肉，就會產生疲勞、累積老舊廢物，所以當然也需要適當的照顧，只不過表情肌並不需要和骨骼肌一樣，給予激烈的按摩或強烈的刺激。因此，在處理表情肌的時候，一邊意識皮膚下方的肌肉，一邊輕輕的給予刺激，或是像是要拉開肌膚一樣地伸展肌肉，會比較有效果。

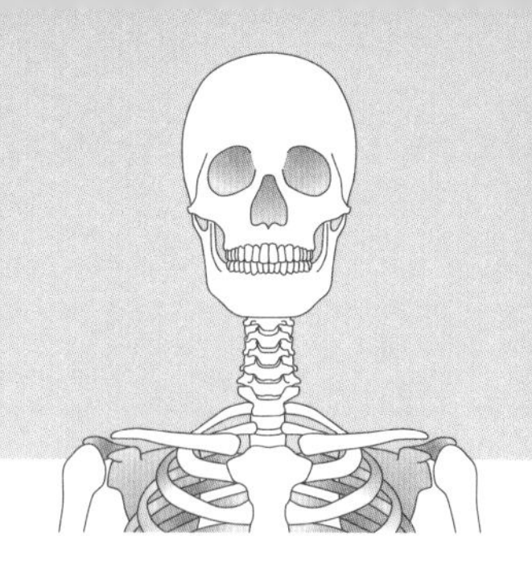

顳顎關節是人類生命中非常重要的關節

雖然我說表情肌不需要移動到關節，但根本問題在於頭部裡有關節這種東西嗎？其實僅有一個（左右側各一個），那就是「顳顎關節」。下巴的產生、進化過程中，至今為止存在著許多的謎團，就像連續劇裡的巧合重疊出現一樣，可說是一個相當有趣的關節，如果要用一句話來總結，我會說它是一個「高機能」的關節。

比如說，即便手腕或肘關節等身體關節無法移動，也許會感到生活不方便，但對「生存」並不會產生危害。可是，能咀嚼、咬碎我們能量來源的食物的是顳顎關節，因此對我們來說有其必要性，只要活著就不能沒有這個關節。而且，它不但能做出像咀嚼這樣劇烈的運動，也能做出說話時需要的細微移動，是一個非常纖細的關節。

那麼，現在讓我們來稍微運動一下身體，感受看看顳顎關節的影響力吧。環境空間允許的人請務必站起來試試。手上拿著本書也無妨，請直接將腰部往後彎看看，你可以彎到什麼程度呢？這個動作稱之為伸展（Extension，即軀幹後彎的動作，軀幹向前彎則稱為屈曲Flexion）。請把你身體向後彎的程度記起來。

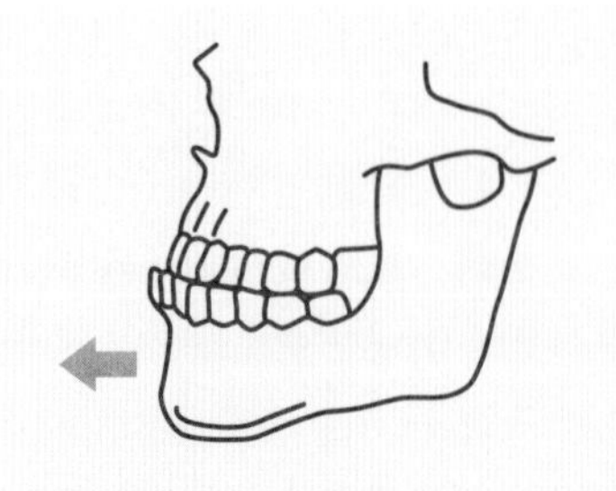

下顎突出的時候身體很難向後彎

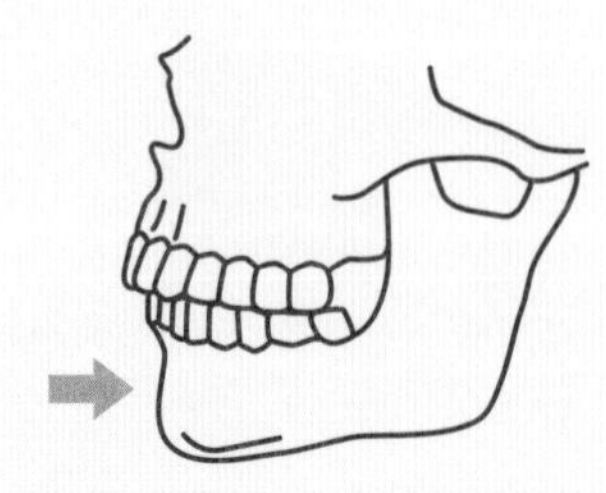

下顎向內收的時候身體容易向後彎

現在，我們讓身體回到原來的位置，然後再一次往後彎，但這次要盡可能的把下顎往前推出（也就是所謂的凸下巴狀態），然後再後彎，感覺如何呢？應該無法做到剛才的程度吧。

請再試一次看看，換把下顎盡可能地往後拉（感覺只有下巴從前面被毆打一樣，下排門牙比上排門牙還要往後退的狀態），然後再後彎看看。我想你一定會對結果感到不可思議，這次的彎曲程度竟然比第一次的程度還要大！

就像這個實驗一樣，其實下巴的位置會對全身造成影響，如果下顎關節不正或有運動障礙的話，就很有可能引發肩膀僵硬、腰痛、五十肩等症狀。反過來說也是如此。

對於影響波及全身的咀嚼肌要用適當的強度按揉

那麼，引起顳顎關節產生運動障礙的原因是什麼呢？其中一個原因，無可避免的還是要提到肌肉。當我們設想男性的咀嚼肌（闔上嘴巴的肌肉）是用60公斤的力量在咬合，女性的咀嚼肌則是40公斤，這個力量等同於手腕或腳的肌肉，日復一日的運作使得它們累積疲勞、變得僵硬，不，其情況甚至是比手腕或腳的肌肉更嚴重。

具體來說，負責闔上嘴巴的肌肉是「咬肌」、「顳肌」、「翼內肌」，負責打開嘴巴的肌肉則可以列舉出「翼外肌」、「二腹肌」、「頦舌骨肌」、「下頜舌骨肌」。

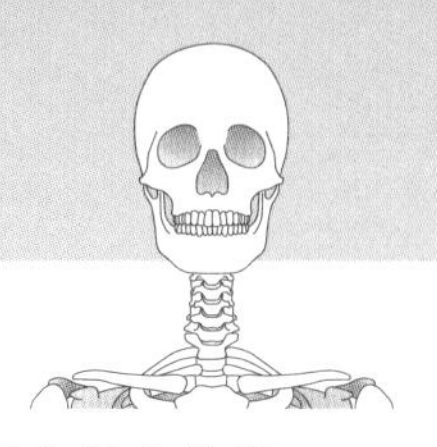

如同前述，閉口肌（咀嚼肌）特別需要力量與持久性，所以同時也必須給予相對應的照顧。相反的，在談到表情肌時，我們說要對它施以溫柔的力量，不過對咀嚼肌就不能如此簡單囉。

當然，也不是力道越大就越好。關於這部分的各種治療或按摩方式，根據包含我在內的工作夥伴們開發試驗出的有效做法，其共通點在於：透過對個別肌肉徹底的觸診來做分辨，一邊洞悉適當的強度、方向、時間，一邊進行按摩。也就是說，這需要相當程度的高階技術和一定程度的謹慎、細心。

再者，其實這個咀嚼肌並不止於頭部，還會對全身造成影響，甚至反過來受到全身的影響。關於此事我會在下一章做詳細的說明，讓我們一起來好好學習吧。

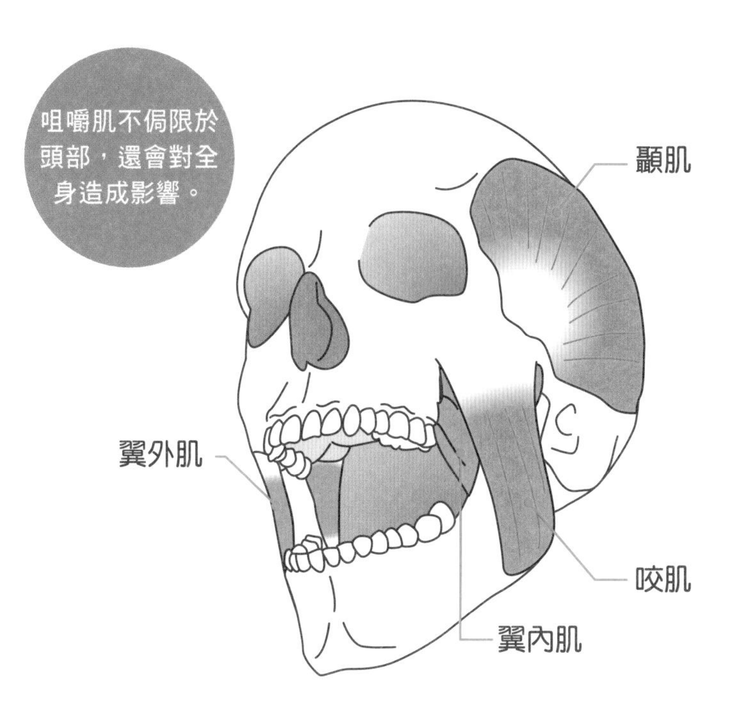

Column

為了活動身體而存在的骨骼肌 屈肌、伸肌、慢縮肌、快縮肌

屈肌使關節彎曲 伸肌使關節伸展

在人體中連結骨頭和骨頭的部分是「關節」，像是膝蓋、腳踝、肩膀、手肘、下巴等處，人體中有許多的關節存在。而移動這些關節的就是「骨骼肌」，基本上會橫跨關節、附著在兩個骨頭上。當肌肉收縮的時候，兩個骨頭會被拉扯，關節也因此能夠彎曲與伸展。

在關節的周遭，彷彿面對面一般附著兩種肌肉，為了彎曲關節而存在的肌肉稱作「屈肌」，而位於相反方向、為了伸展關節而存在的肌肉稱作「伸肌」。

為了使身體做出各種動作 骨骼肌會「成對」作動

大部分的骨骼肌有一個共同特徵，那就是會緊緊附著在骨頭的裡層與表層兩個地方，這兩個地方的肌肉結合成對，一起移動著我們的身體。例如以上肢來說，就是肱二頭肌和肱三頭肌；腳的部分則是股四頭肌和股二頭肌，骨骼肌會形成類似這樣的組合。

想要移動手臂或腳的時候，成對的肌肉中，負責移動的肌肉會收縮，而另一邊的肌肉則會鬆弛，成為一個彼此互相配合的結構。但如果同時收縮或鬆弛的話，就沒辦法移動身體了。透過這樣成對的肌肉在收縮與鬆弛間反覆操作，人體才得以做出各種動作。

慢縮肌有持久力 快縮肌有爆發力

若要使身體長時間動作，主要得透過肌纖維較細的「慢縮肌」來作動，慢縮肌是會慢慢收縮的肌肉，雖然無法發揮強大的力量，但具有持久力，而且不容易疲勞。另一方面，要發揮爆發力得靠肌纖維較粗的「快縮肌」來作動，快縮肌可以快速地收縮、在短時間內發揮強大的力量，可是卻沒有持久力、容易感到疲勞。

第2章

頸部的骨骼與肌肉

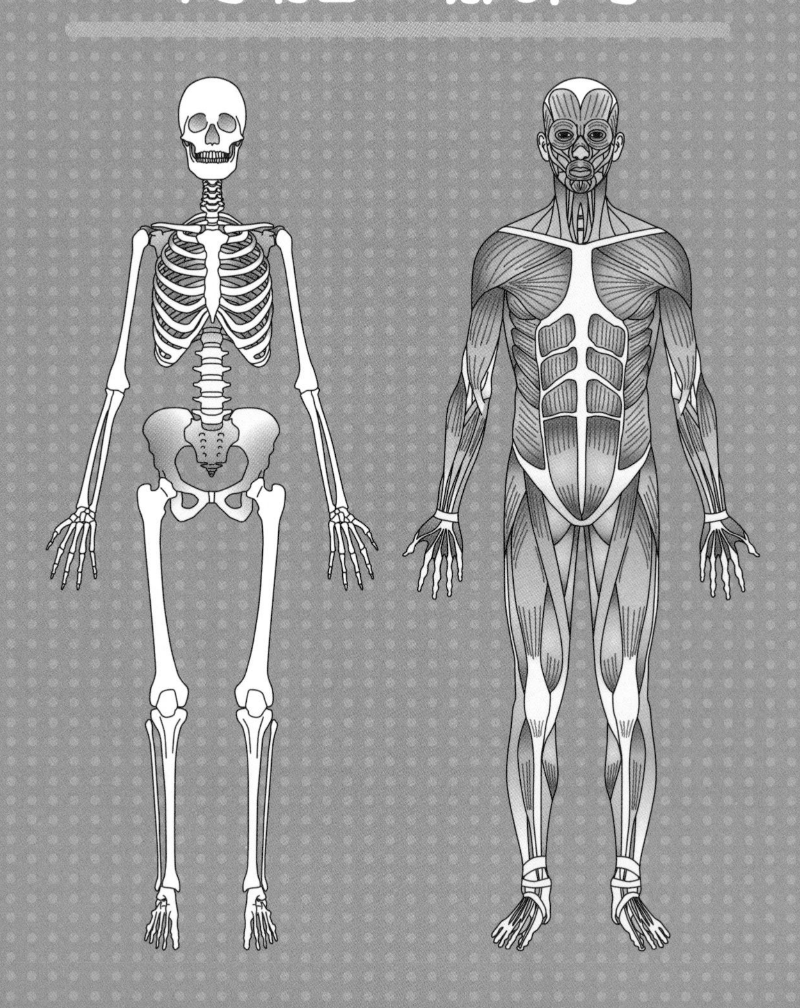

頸部的骨骼

能承受約5kg的重量

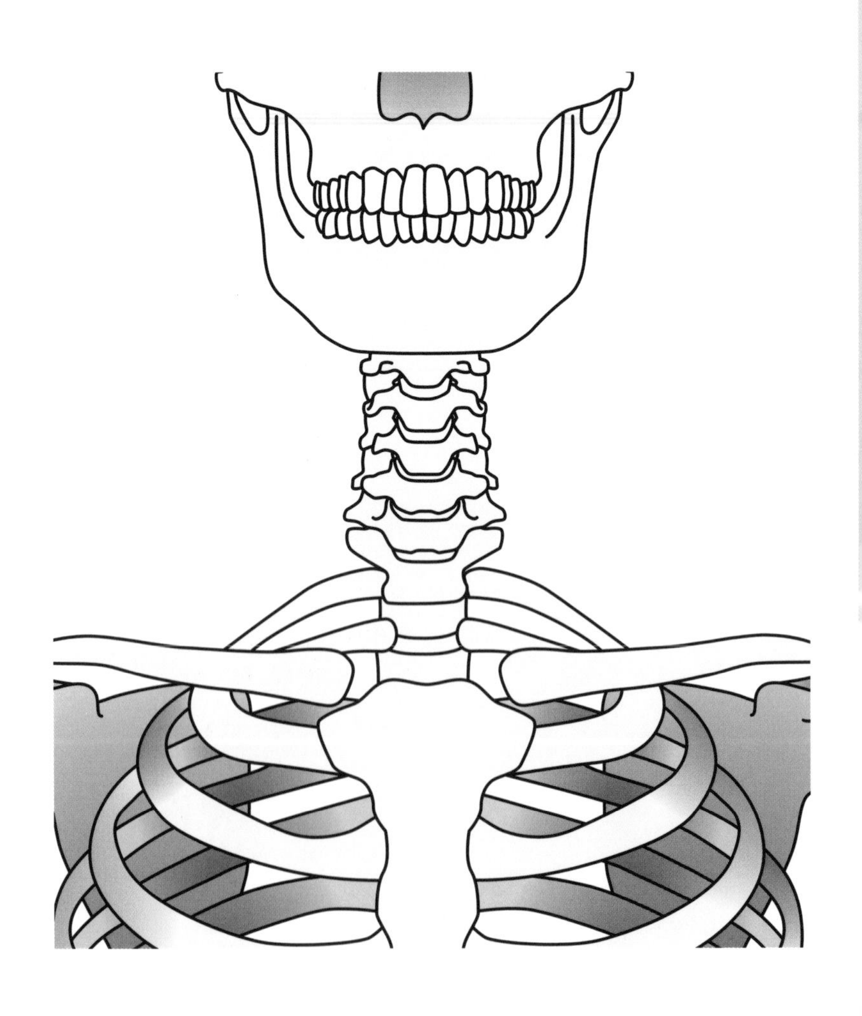

頸部骨骼支撐著
4～5kg重的成人頭部

連接頭與身體的頸部
總共是由7塊頸椎所構成

人體的頸部可以支撐成人4～5kg重的頭部，並連接頭和軀幹。因為將臉部朝下看的時候，頸部所要承擔的是頭部重量的數倍，所以在交通事故中，頸椎挫傷是最多見的病例之一。

形成頸部的頸椎，是由7個塊狀的骨頭縱向排列連結而成，一邊微微地向前方彎曲，一邊和胸椎連結在一起。

近年來患有「手機頸」的人越來越多。這是因為長時間低頭使用手機，造成頸椎負擔，使脖子呈現將近直線的狀態（頸椎過直），這個不良的姿勢習慣會引發頭痛、肩膀僵硬或暈眩等症狀。

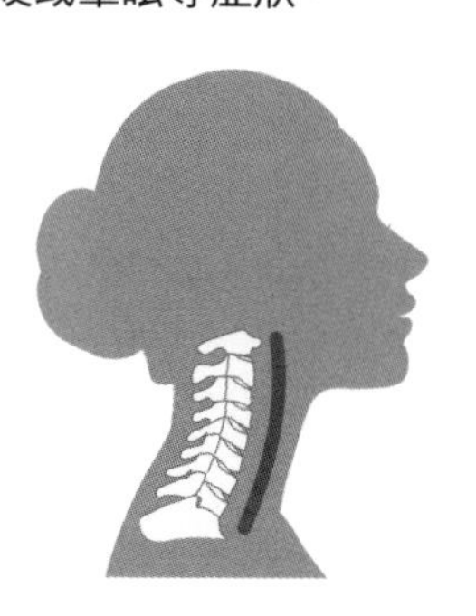

因為有頸椎間的關節
頸部才能夠旋轉

位於最上面的第一頸椎，沒有中心部的椎體和棘突，但椎孔比其他椎骨大，且因為是環狀的造型，所以又被稱作「寰椎」。寰椎和枕骨相連，構成寰枕關節，也有連接顱骨和脊柱的功能。

第二頸椎的「樞椎」，和第三到第七頸椎不同，具有向上延伸的齒突是它的特徵，而這個齒突能成為讓頭部左右旋轉時的旋轉軸。

第三到第七頸椎幾乎都是一樣的形狀，在上下頸椎之間構成椎間關節。位於最下面的第七頸椎則和第一胸椎相連。

再者，因為第一頸椎裡沒有椎間盤，所以在這裡不會引起椎間盤突出的症狀。

頸部的骨骼肌

容易變得緊繃僵硬

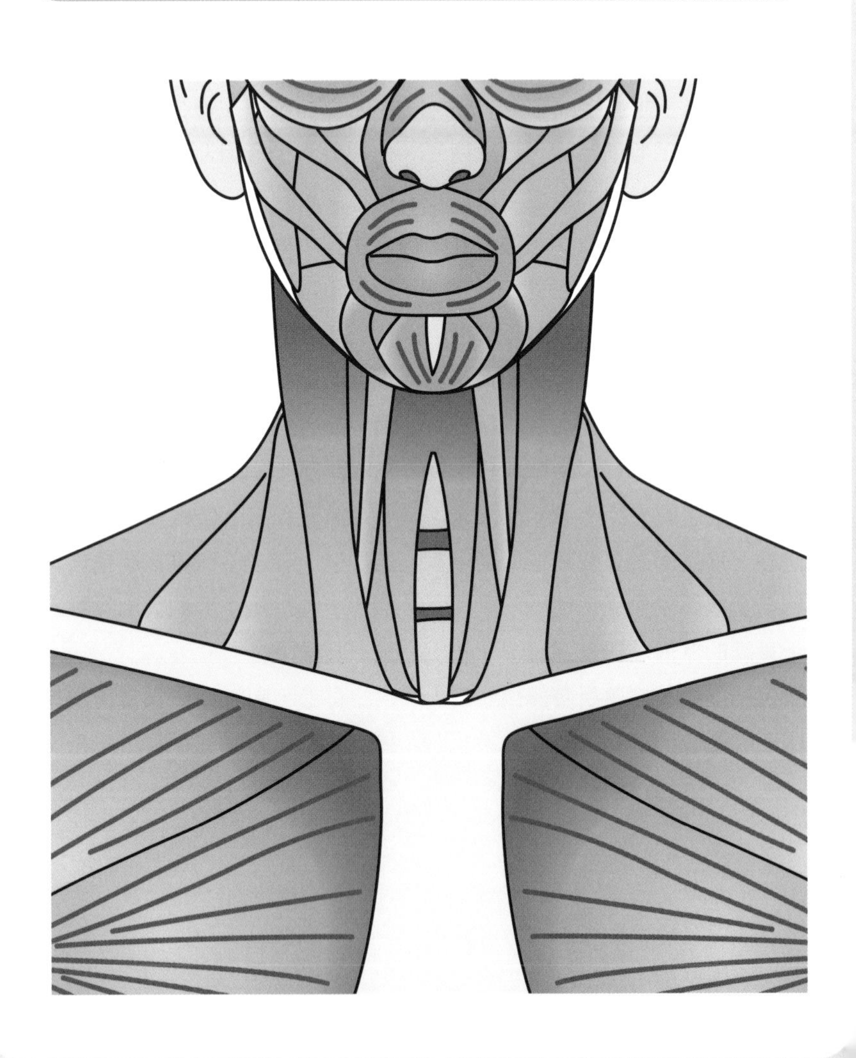

第2章 頸部的骨骼與肌肉

Sternocleido mastoid muscle

胸鎖乳突肌

胸鎖乳突肌是頸部中最顯眼的肌肉，將臉轉向側面時會浮現出來。它從頸部的側面斜向通過，其中快縮肌纖維占很高的比例。因為肌肉（起點）附著於鎖骨頭和胸骨頭，需要仔細觸摸來分辨。

支配神經

副神經脊髓根、頸神經前支（C2-C3）

作用

使頭部向前移動、伸展頸部，單側作用時可使頭部轉向對側。過度呼吸時會帶動胸骨和鎖骨上提。

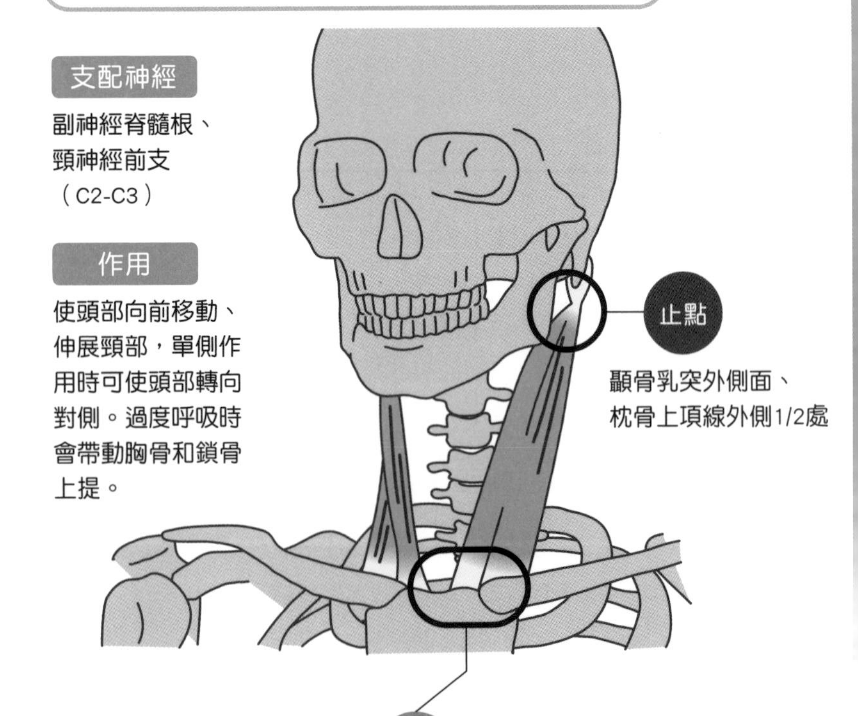

Muscles of mastication

斜角肌群

斜角肌群是指前斜角肌、中斜角肌、後斜角肌三塊肌肉的總稱。位於胸鎖乳突肌的後側，行經脖子的側面。是上提第一、第二肋骨，參與呼吸動作的肌肉。

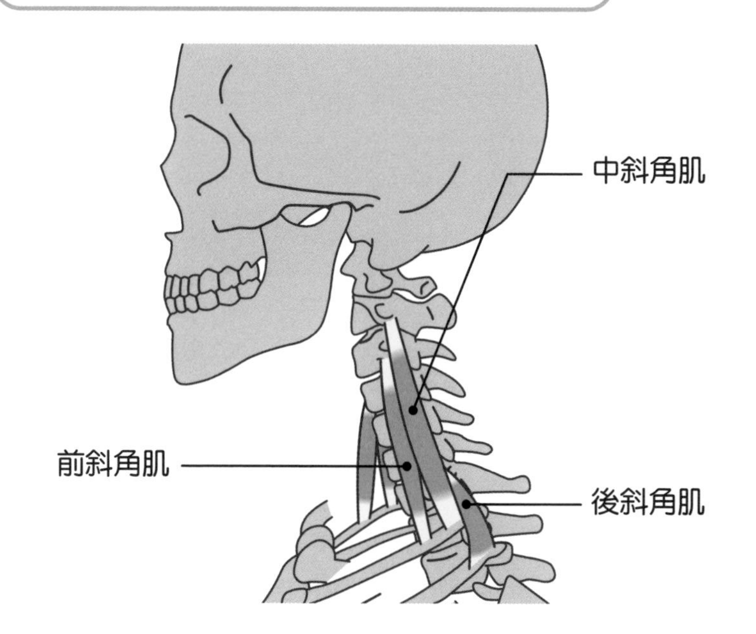

主要作用是讓頸部前彎和側彎，其他還有像是提起第一、第二肋骨的功能。透過第一、第二肋骨的上提，可以讓胸式呼吸更順利進行。

Scalene anterio muscle

前斜角肌

身為呼吸肌，有把第一肋骨向頸椎方向提起的作用，也能反向使頸椎靠近第一肋骨，具有活動脖子的功能。

支配神經

頸神經叢、臂神經叢（C5-C7）

作用

上提第一肋骨，使頸椎前彎（輔助的作用）。單邊作用時，頸部向同側彎曲、向對側旋轉。

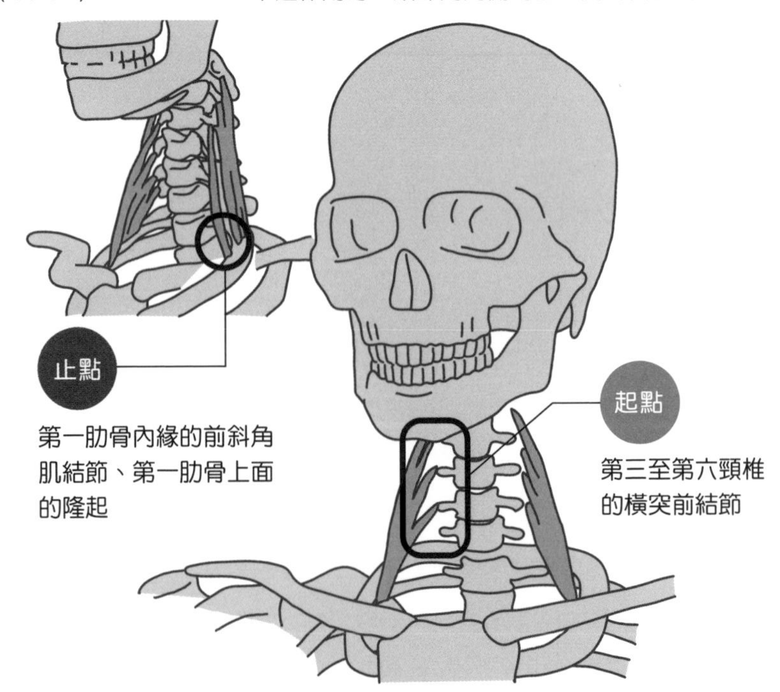

Scalenus medius muscle

中斜角肌

和前斜角肌一樣都是呼吸肌，略大於前斜角肌。鎖骨下動脈和臂神經叢會通過前斜角肌和中斜角肌、鎖骨所製造出的空隙（斜角肌間隙）。對頸椎的活動也有輔助性效果。

支配神經

頸神經叢、
臂神經叢（C3-C8）

作用

上提第一肋骨、使頸椎前彎或側彎，在頸部向前或向側邊彎曲時發揮作用

起點 第二到第七頸椎的橫突後結節

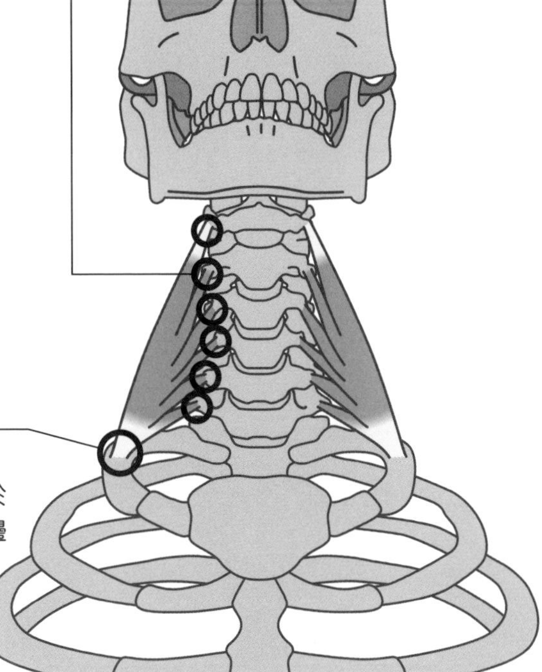

止點 大範圍的停止於第一肋骨的周邊

Scalenus posterior muscle

後斜角肌

連接頸椎到第二肋骨的呼吸肌。和其他斜角肌一樣，有提起肋骨的作用。主要使用的時機是在擴大胸廓吸氣時。

支配神經

頸神經叢、臂神經叢（C7-C8）

作用

上提第二肋骨、使頸椎前彎或側彎，在頸部向前或向側邊彎曲時發揮作用

起點

第五到第七頸椎的橫突後結節

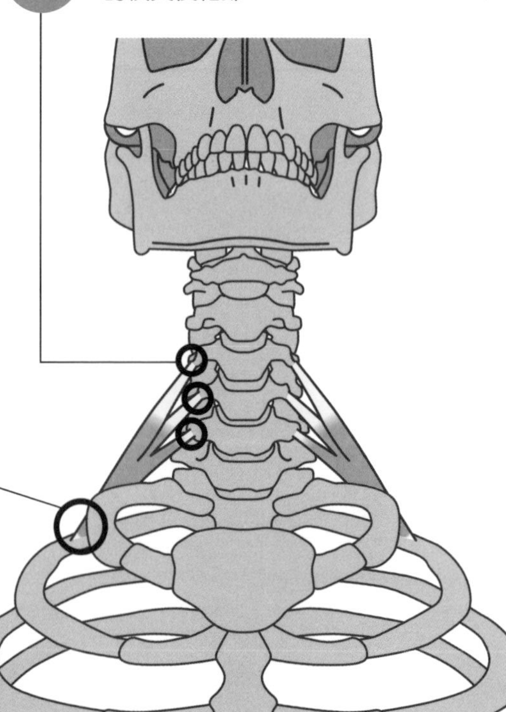

止點

第二肋骨的外側面

Splenius capitis muscle

頭夾肌

位於頭頸部中最淺層的固有背肌。因下半部會被菱形肌、斜方肌所覆蓋，所以查找位置時從上方比較容易觸摸到。主要在脖子後仰（頸部伸展）時發揮作用。

支配神經

脊神經的後支（C1-C5）

作用

伸展頭頸部、使頭部向同側旋轉及側彎

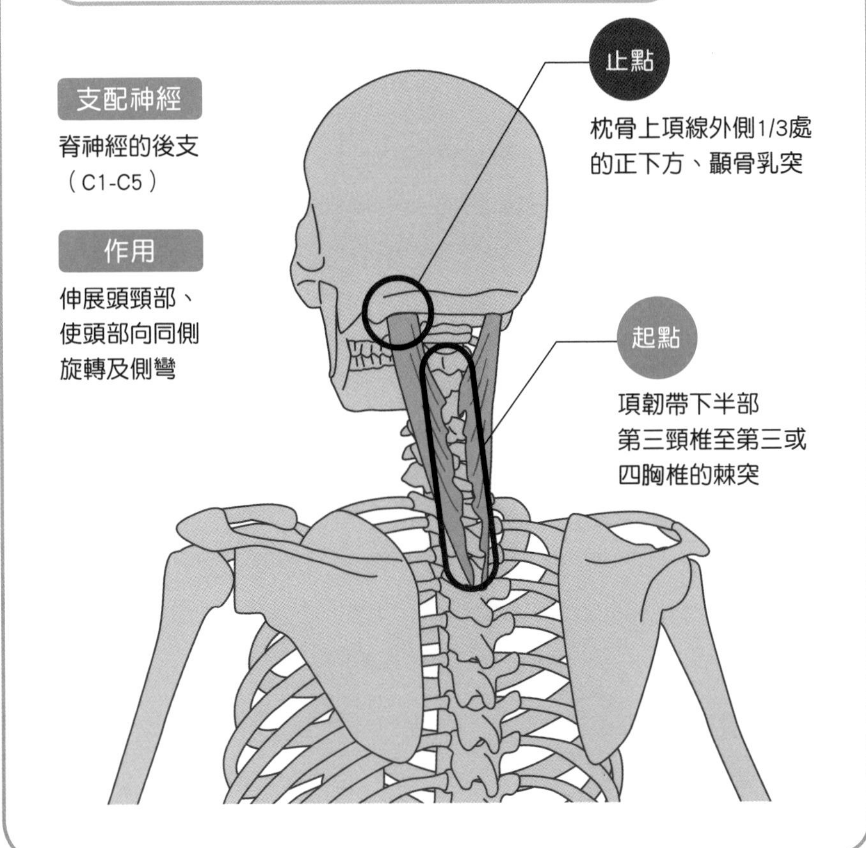

Prevertebral muscles

椎前肌群

椎前肌群是配置在頸椎前面，左右對稱的頸部深層肌肉。主要作用於上部頸椎前彎時，對頸部的側彎也有輔助性效果。

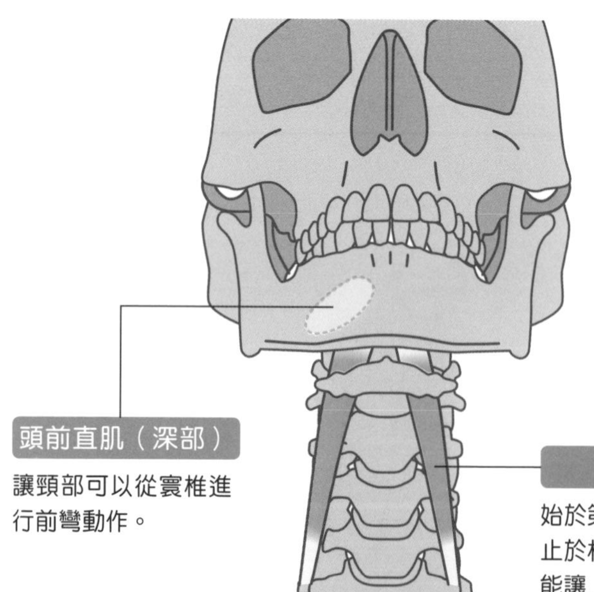

頭前直肌（深部）

讓頸部可以從寰椎進行前彎動作。

頭長肌

始於第三到第六頸椎，止於枕骨的底部。具有能讓上部頸椎前彎的作用。

椎前肌群是由「頭前直肌」、「頭長肌」、「頸長肌」、「頭外側直肌」四個肌肉所構成。附著於頸椎的根部，輔助脖子活動。

Suboccipital muscles

枕下肌群

枕下肌群是「頭後小直肌」、「頭後大直肌」、「頭上斜肌」、「頭下斜肌」四個位於頸椎後面深層部的肌肉總稱。其主要作用於上部頸椎的後彎、側彎。其中的頭後大直肌和頭後小直肌對旋轉動作有特別大的貢獻。

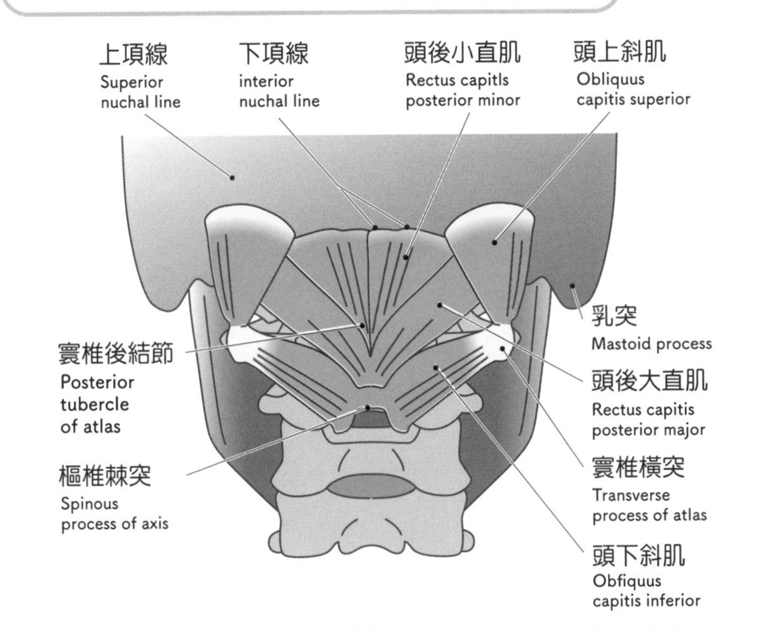

枕下肌群分別從第一頸椎（C1：寰椎）～第二頸椎（C2：樞椎）開始，並止於頭蓋骨或寰椎。若對這些肌肉施加過度的壓力，有可能導致暫時性頭痛。

頸部保健與治療重點

分辨脊椎的異常狀態是症狀的「原因」還是「結果」

頸椎過直不是單純的病症

「我被診斷為頸椎過直。」當患者向我詢問這樣的問題時，其實我常常疑惑「究竟頸椎過直是指什麼呢？」從外面看起來呈現直線模樣嗎？還是不然？但很多東西光從外表是無法下判斷的。總歸來說，可以這麼解釋：本來脖子應該有的曲度消失了，呈現直線狀態。當然，像這樣缺乏曲度的現象並不會經常出現。但讓患者感到不適的問題根源，只是因為有彎曲或沒有彎曲？事情真的有這麼單純嗎？

我想說的是，了解包含頸部在內的脊椎狀態是症狀的「原因」還是「結果」相當重要。

舉例來說，請你想像自己正坐在一顆平衡彈力球上，當坐在球上感覺一邊快要失去平衡的時候，為了不要摔下來，你會反射性地將手伸往相反方向，彷彿互相呼應一般，試圖用上半身來彌補不小心晃動的下半身的平衡吧。

身體各部位是相互連動的

我們身體的個別部位的位置，與其他部位必然有所關聯性，絕對不是單獨移動、擅自決定的。例如，當我們趴著看書或滑手機時，在這個姿勢下，脖子後方會被阻塞住，血流發生阻礙，長時間下來可能會引起頭痛。這個不適症狀的緣由，很明顯地與其說是脖子有問題，不如說是趴著的姿勢本身有問題。

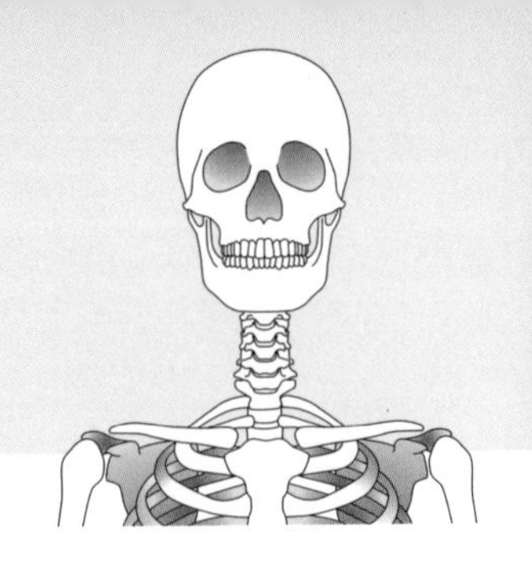

造成牙關咬緊的原因是脖子向前傾

前一章我們談到，咀嚼肌的使用方式也會依據姿勢產生變化。我們現在也透過實驗來說明。首先，請試著將背部蜷曲起來，就像老人一樣駝背，在這個狀態下張開嘴巴的話，應該會像平常一樣容易打開。接下來，請端正姿勢，把突出的下巴收回，然後再將嘴巴打開看看，這時候應該會覺得有點難開吧。是不是很不可思議呢。

也就是說，如果單看「閉上嘴巴」這個動作，姿勢越是不好，就需要花費更多的肌力來闔上嘴巴，這個就是造成「牙關咬緊」的原因。從我的經驗來看，咬肌緊繃（所謂腮骨突出）的人，幾乎長時間都是以駝背姿勢在工作或吃飯。

誠如以上所說，脖子的形狀並不單單來自脖子本身，還會受到頭部、軀幹、動作或姿勢等原因，以及各種環境的影響，每每情況都不一樣。當身體出現不適症狀時，若單單以特定姿勢來做判斷、治療，例如只看脖子，而完全無視腰椎或骨盆、下半身的狀況，很有可能只是讓身體暫時好轉，卻會一再復發。因此找出造成不適的原因才是最有意義的方法。

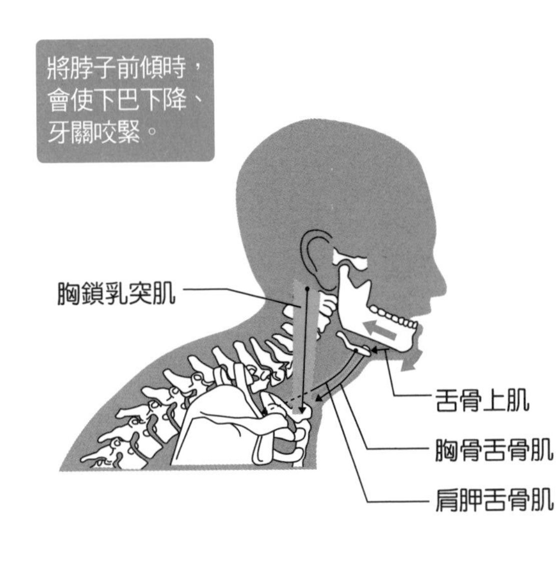

Column

讓肌肉運動的能量來源是什麼

肌纖維組合成束再形成骨骼肌

骨骼肌是由多條「肌纖維（肌細胞）」構成的「肌束」所聚集而成。其中肌纖維是由更細的「肌原纖維」成束構成。而肌原纖維則是由被稱作「肌球蛋白微絲 」和「肌動蛋白微絲 」的兩種蛋白質微絲交互並排而組成。

說到這裡，成為肌肉能量來源的究竟是什麼呢？人類透過進食來攝取能量，其中成為最大能量來源的是醣類，醣類在消化酵素的作用下會被分解成葡萄糖，然後被小腸吸收、經過肝臟被血液運送到各處。透過血液的流動可以將養分送達全身的肌細胞，再經過燃燒後便可以製造出能量。從食物攝取而來的醣類會在肌肉中以「糖原」的形式被儲存下來，這個便成為肌肉的能量來源，在運動時被消化利用。

儲存在肌肉中的肌糖原

儲存在肌肉中的糖原被叫做「肌糖原」，人體內有超過八成的糖原都是以肌糖原的形式被儲存下來，在運動時能發揮重要的功能。但是，因為儲存在人體內的糖原量非常少，所以在長時間運動的情況下，糖原很快就會被用盡，這時身體的表現也因此變差。

骨骼肌的構造

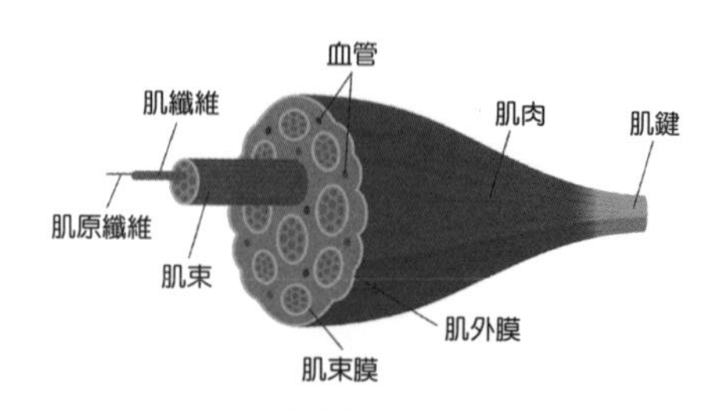

第3章

上肢的骨骼與肌肉

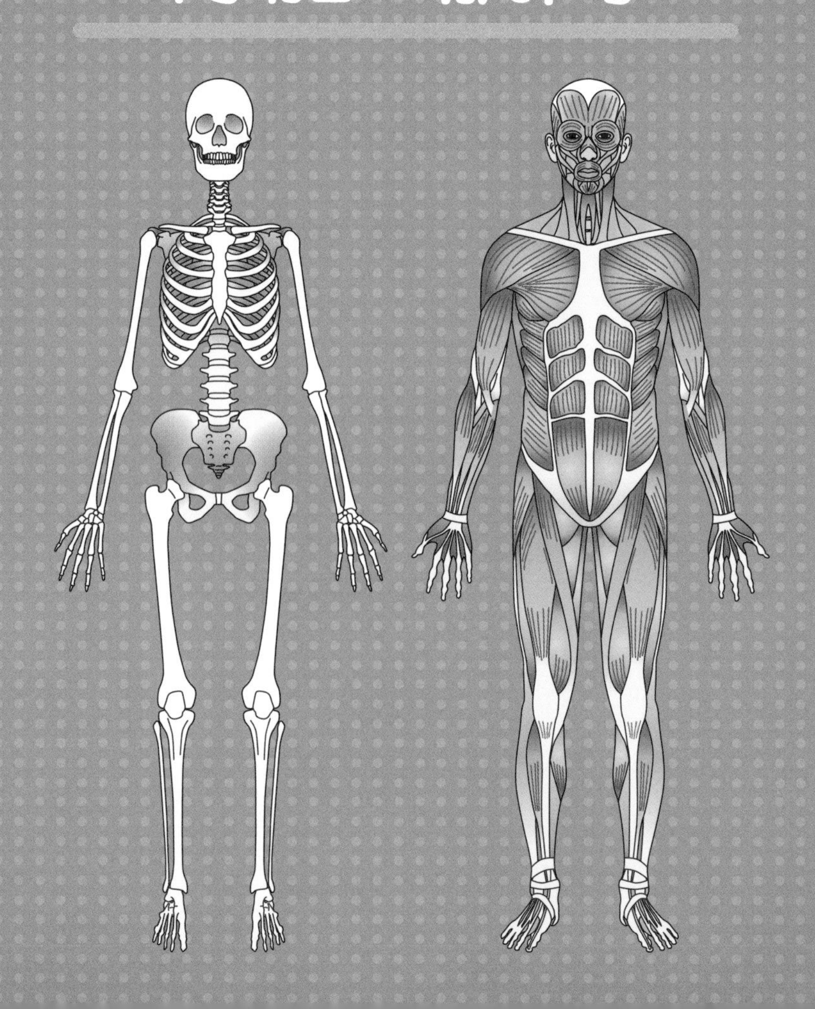

上肢的骨骼

既纖細又能自由活動

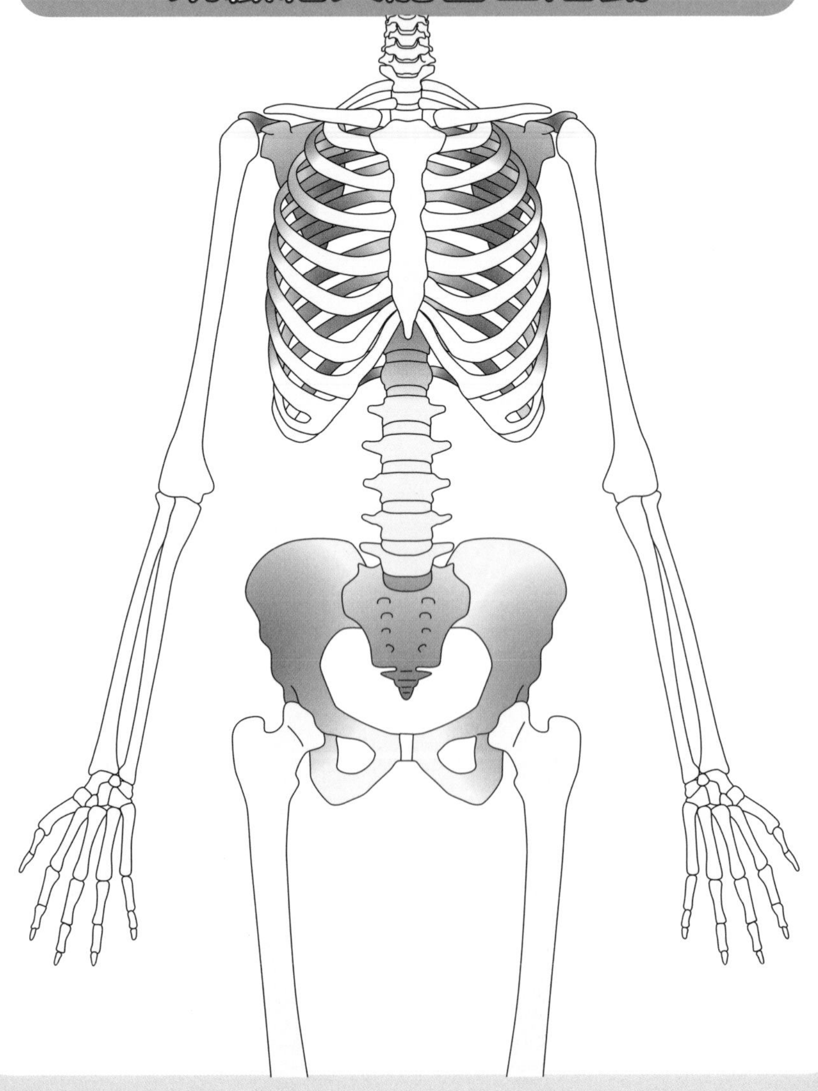

上肢的骨骼可以分為上肢帶骨和自由上肢骨

鎖骨和肩胛骨是肩膀和手臂活動的基礎

上肢的骨骼可分為連結軀幹和手臂的「上肢帶骨」，和從肩關節到手指的「自由上肢骨」，全部共由8個種類64個骨頭所構成。

上肢帶骨裡有「鎖骨」和「肩胛骨」，是肩膀和手臂活動時的必要骨頭。

鎖骨位於身體前面，形狀細長、呈現S字形，且左右對稱，和胸骨連結在一起。胸骨則透過肋骨和脊椎相連。也就是說，鎖骨具有連接軀幹和手臂的重要使命，再者，還能和位於背部的肩胛骨相連，構成肩峰鎖骨關節。

肩胛骨則是左右成對的大三角形扁平骨，透過鎖骨和胸廓相連，也和軀幹連動在一起。

手臂和手指的各個骨頭能支援纖細的動作

在自由上肢骨中最長的「肱骨」，透過肌肉和肩胛骨連接，也透過肘關節和前臂小指側的尺骨還有拇指側的橈骨相連在一起。尺骨在肘關節中擔任主要功能，在手指關節中負責次要功能；橈骨的作用則剛好相反。

手掌的根部（手腕）是由8塊短小的「腕骨」所構成，對手腕的活動有所貢獻。手掌上部則有5塊「掌骨」，掌骨的上方還有「指骨」。指骨從近到遠分別是近端指骨、中間指骨、遠端指骨，只有拇指沒有中間指骨，所以全部一共是14個骨頭的集合體。

有賴於上述所說的各種上肢骨頭和關節，讓我們在日常生活中可以自由地做出細微渺小的動作。

上肢的骨骼肌

讓手臂與手指靈活動作

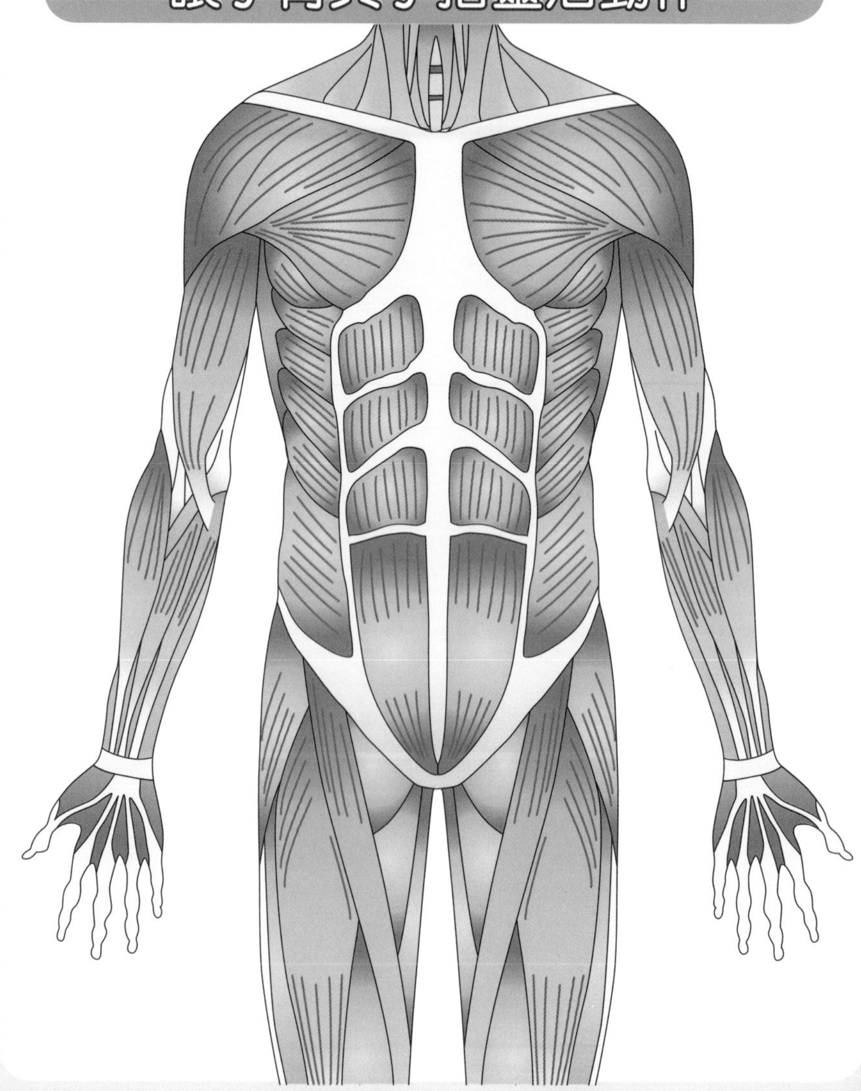

活動手指的肌肉幾乎不存在手指中

老師，活動手指的時候手腕也會感到累，這是什麼原因啊？

其實，讓手指做出各種動作的肌肉幾乎不存在手指中喔！

讓手指移動的力量大多是來自手心和手腕附近的肌肉

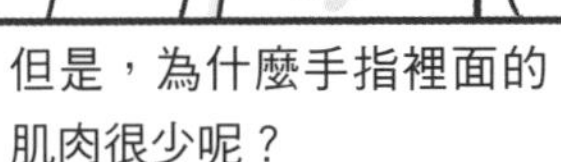

【做個小實驗吧】

1 放下單邊手臂

※不要用力

2 用另一隻手握住手腕

這是因為控制手指活動的肌肉和肌腱是位於手腕裡面喔～

但是，為什麼手指裡面的肌肉很少呢？

如果手指裡有很多肌肉的話，可能一瞬間就會變得肥大吧！

右前臂伸肌群（手背）

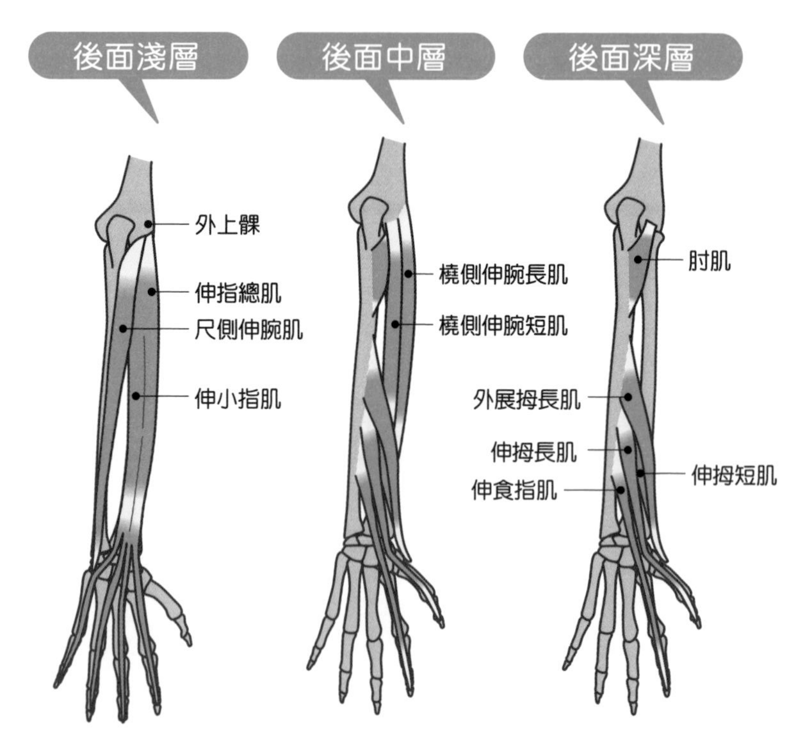

分類	主要的肌肉	起點	主要作用
前臂伸肌群 （手背側、11個）	淺層：起始於肱骨外上髁的6塊肌肉 ①肱橈肌 ②橈側伸腕長肌 ③橈側伸腕短肌 ④伸指總肌 ⑤伸小指肌 ⑥尺側伸腕肌 深層：5塊肌肉 ⑦旋後肌 ⑧外展拇長肌 ⑨伸拇短肌 ⑩伸拇長肌 ⑪伸食指肌	肱骨外上髁或是前臂	伸展手指・伸展手腕

右前臂屈肌群（手心）

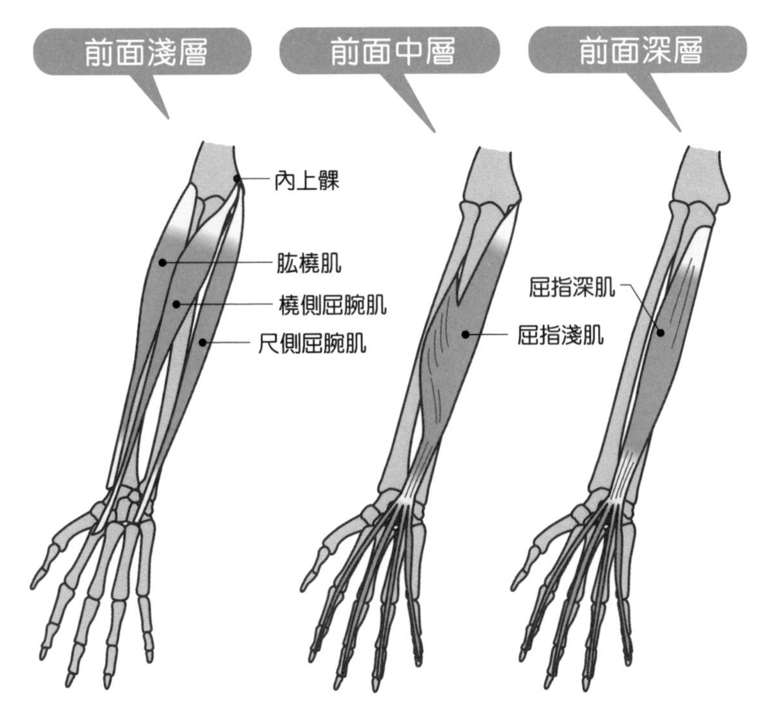

分類	主要的肌肉	起點	主要作用
前臂屈肌群 （手心側、8個）	淺層：起始於肱骨內上髁的5塊肌肉 ①旋前圓肌 ②橈側屈腕肌 ③掌長肌 ④屈指淺肌 ⑤尺側屈腕肌 深層：起始於前臂的3塊肌肉 ⑥ 屈指深肌 ⑦屈拇長肌 ⑧ 旋前方肌	肱骨內上髁 或是前臂	屈曲手指 ・屈曲手腕

Deltoid muscle

三角肌

三角肌是上肢中體積最大的肌肉，顧名思義，形狀就是三角形。分為鎖骨部（前束）、肩峰部（中束）、肩胛棘部（後束），和肩關節的所有動作幾乎都有緊密關聯。

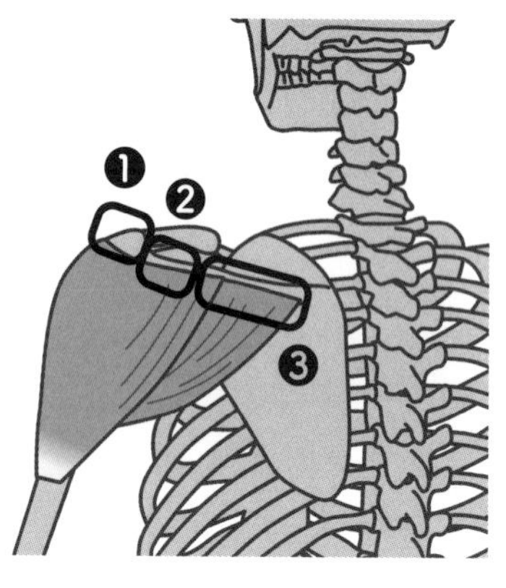

支配神經

腋神經
（C5-C6）

作用

全體：肩關節外展
鎖骨部：肩關節向前屈曲，手肘垂直內旋、肩上方外展、水平內收
肩峰部：肩關節外展
肩胛棘部：肩關節向後伸展，手肘垂直外旋、肩上方外展、水平外展

鎖骨部：❶鎖骨外側1/3前緣
肩峰部：❷肩胛骨的肩峰外緣和上端
肩胛棘部：❸肩胛骨的肩胛棘後緣下唇

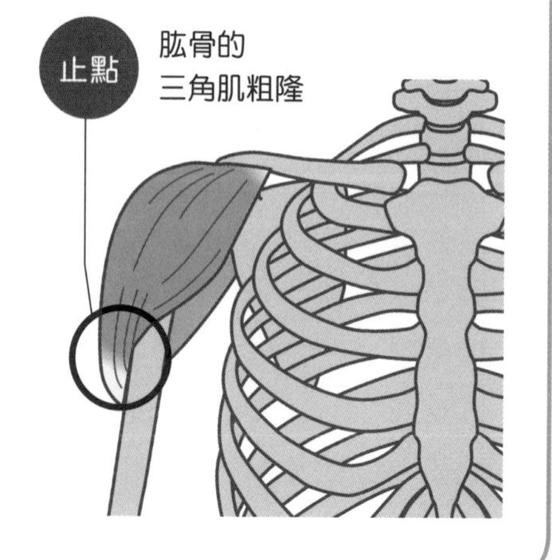

肱骨的
三角肌粗隆

Coracobrachialis muscle

喙肱肌

起始於肩胛骨喙突的小肌肉，和肱二頭肌的短頭起點相同，支配神經也是一樣的。主要有向前抬起手臂等功能，但是貢獻的程度很低！

支配神經

肌皮神經（C5-C7）

作用

輔助肩關節屈曲、水平內收，向前擺動內收的手臂；輔助胸大肌或三角肌的動作

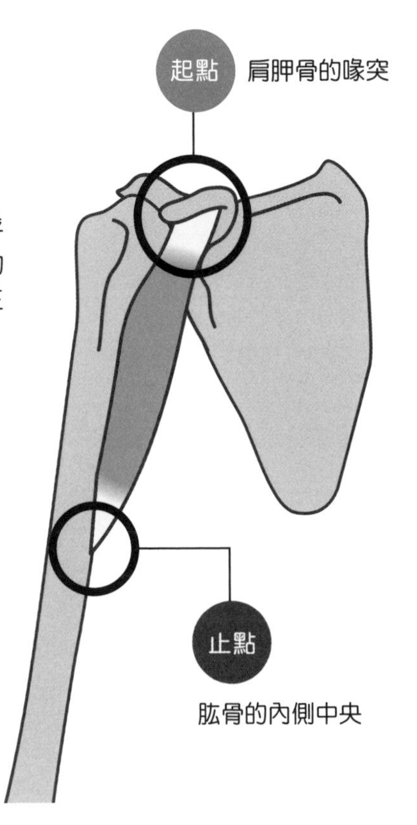

Teres major muscle

大圓肌

和小圓肌的名字還有位置都很相似，可是功能和支配神經不同，要特別注意。大圓肌也是背闊肌的輔助肌肉。

支配神經

肩胛下神經（C5-C6）

作用

使肩關節內旋、內收、伸展

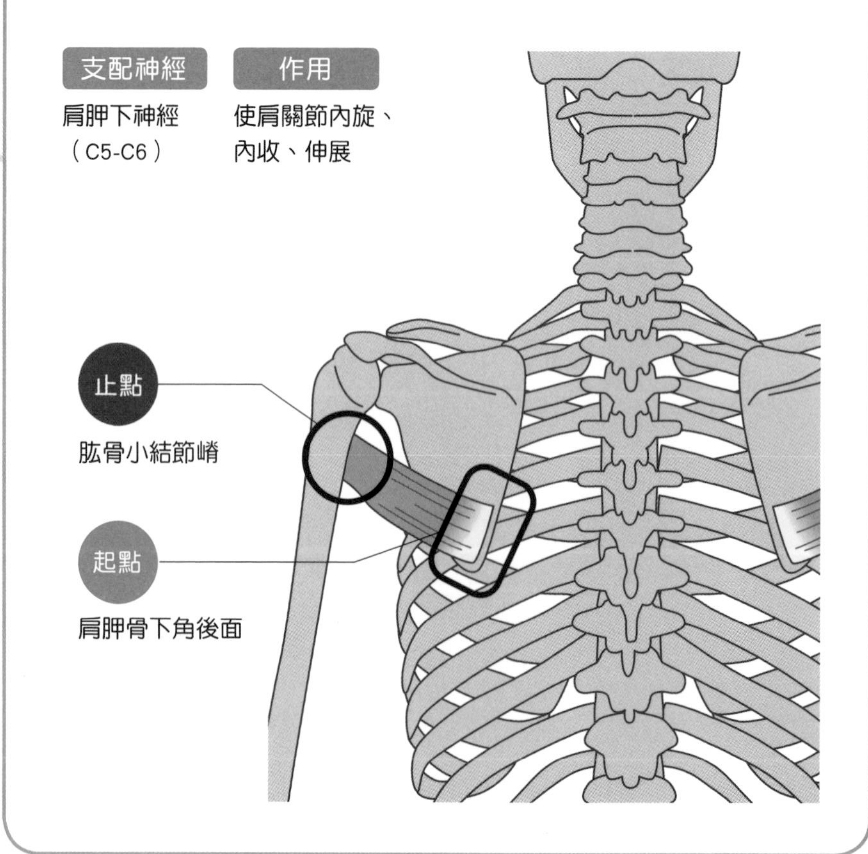

Teres minor muscle

小圓肌

小圓肌位於大圓肌上面、棘下肌下面，為能穩定肩關節的肩袖肌群（又稱旋轉肌群） 之一。具有使上臂向外側扭轉、肩關節外旋等作用。

支配神經

腋神經（C5-C6）

作用

使肩關節保持穩定，外旋、內收

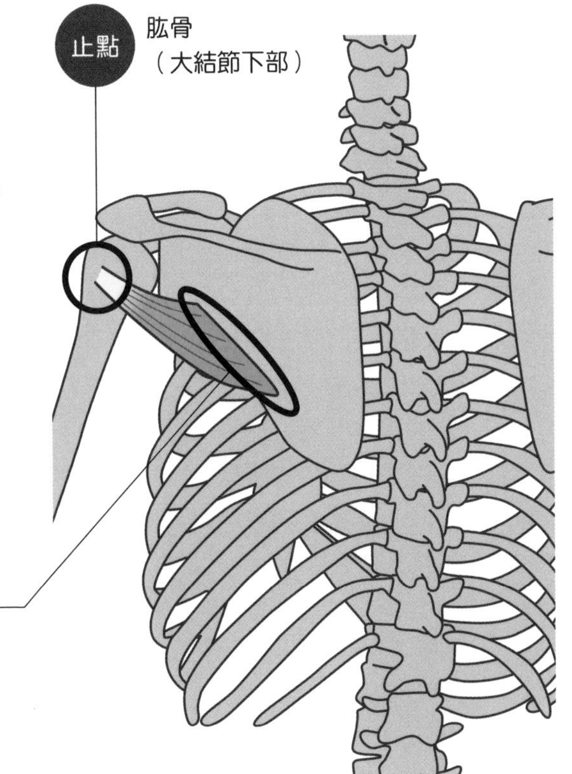

Subscapularis muscle

肩胛下肌

亦是肩袖肌群（又稱旋轉肌群）之一，是此肌群中唯一一個起於肩胛骨前面的肌肉。主要的功能是使手臂向內側扭轉，將肱骨向內拉近，對保持肩關節的穩定性有所貢獻。

支配神經

肩胛下神經（C5-C6）

作用

使肩關節保持穩定，內旋、水平內收

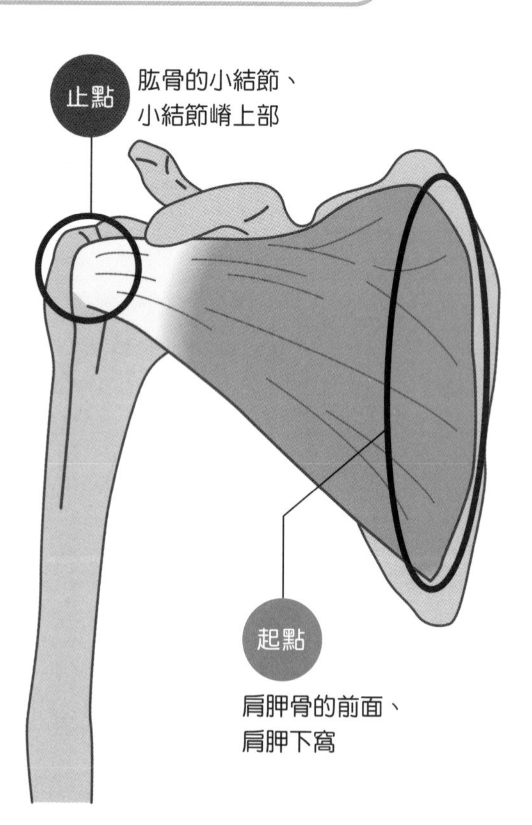

包覆住肩胛骨，並維持肩關節穩定性的正是肩袖肌群喔！

Supraspinatus muscle

棘上肌

肩袖肌群之一，可拉近肩胛骨和肱骨，以及保持肩關節的穩定。有和三角肌一起讓肩關節外展的功能。

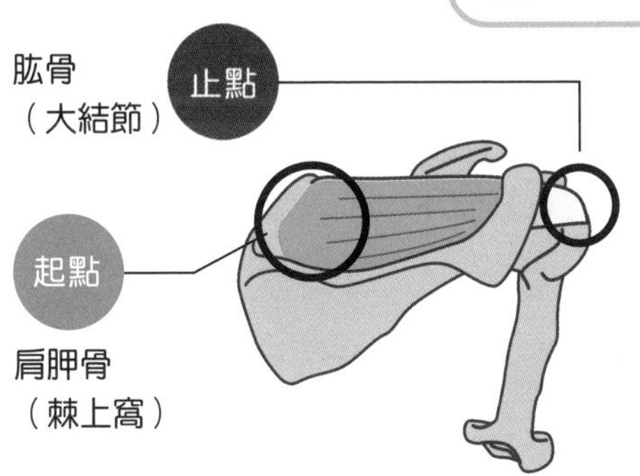

支配神經

肩胛上神經（C5-C6）

作用

使肩關節保持穩定，外展

Infraspinatus muscle

棘下肌

肩袖肌群中唯一位於表層的肌肉，是上臂向外側扭轉時，肩關節外旋的主力肌肉。隨著年齡增長而退化後，可能變成四十肩、五十肩的成因。

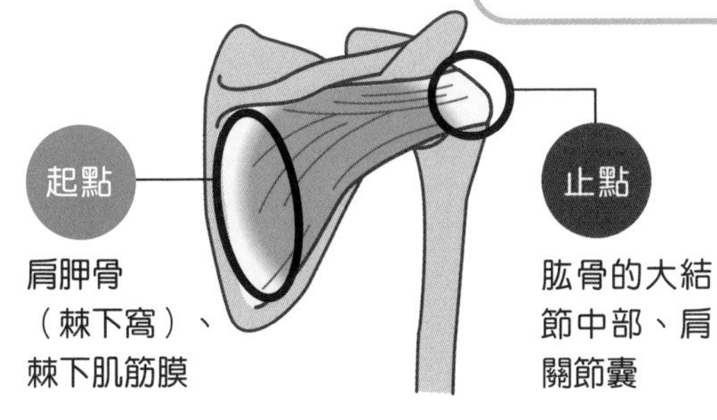

支配神經

肩胛上神經（C5-C6）

作用

肩關節外旋、水平伸展

Biceps brachii muscle

肱二頭肌

肱二頭肌是製造「肌峰」的肌肉，當我們談起肌肉時，它可算是象徵性的代表。既是有兩個起點的二頭肌，亦是使肩膀和手肘作動的雙關節肌。

支配神經

肌皮神經
（C5-C6）

作用

屈曲肘關節、旋轉前臂、屈曲肩關節

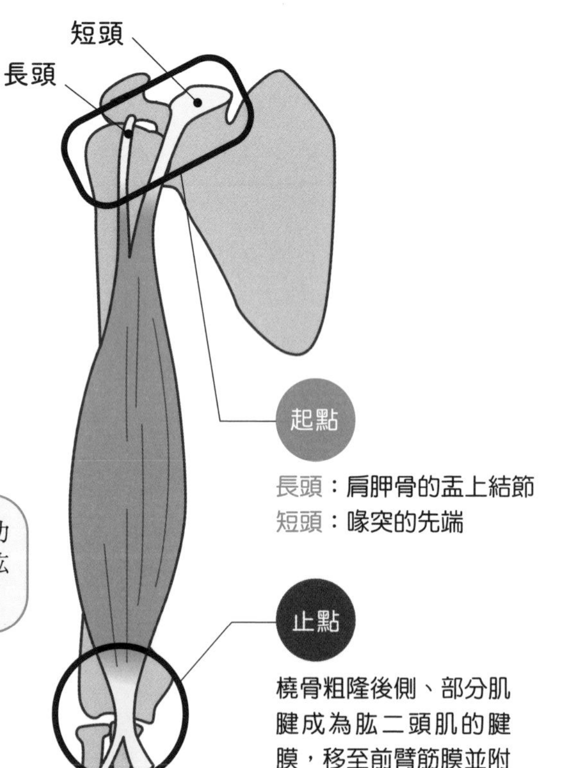

起點

長頭：肩胛骨的盂上結節
短頭：喙突的先端

止點

橈骨粗隆後側、部分肌腱成為肱二頭肌的腱膜，移至前臂筋膜並附著於尺骨上

彎曲手肘時，發揮功能的是肱二頭肌、肱肌以及肱橈肌喔！

Triceps brachii muscle

肱三頭肌

在上臂中體積最大的肌肉，也是伸展肘關節的主力肌肉。三頭中只有長頭起於肩胛骨，是橫跨肘關節和肩關節的雙關節肌。

支配神經

橈神經
（C6-C8）

作用

伸展肘關節，長頭部分能伸展和內收肩關節

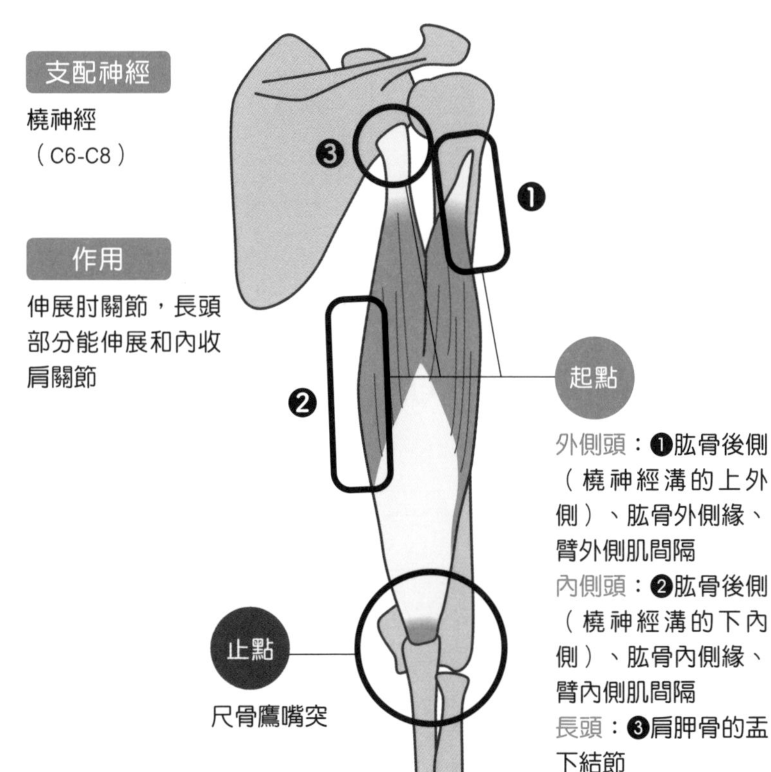

起點

外側頭：❶肱骨後側（橈神經溝的上外側）、肱骨外側緣、臂外側肌間隔
內側頭：❷肱骨後側（橈神經溝的下內側）、肱骨內側緣、臂內側肌間隔
長頭：❸肩胛骨的盂下結節

止點

尺骨鷹嘴突

Brachialis muscle

肱肌

位於肱二頭肌深層處的扁平肌肉，止於尺骨上，並像包覆肱骨一般附著於上方。只有在彎曲手肘（肘關節屈曲）的時候才會發揮作用。

支配神經

肌皮神經（C5-C6）、
橈神經（C7）

作用

屈曲肘關節

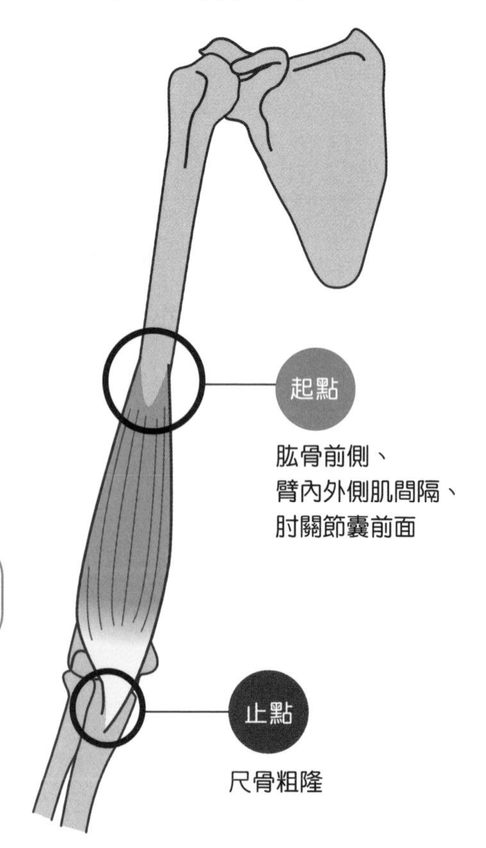

肱肌只有在彎曲手肘時才會發揮作用！

Brachioradialis muscle

肱橈肌

位於前臂外側（拇指側）的肌肉。作為唯一受橈神經支配的屈肌，對肘關節的彎曲有所貢獻，但是不會參與手腕動作。

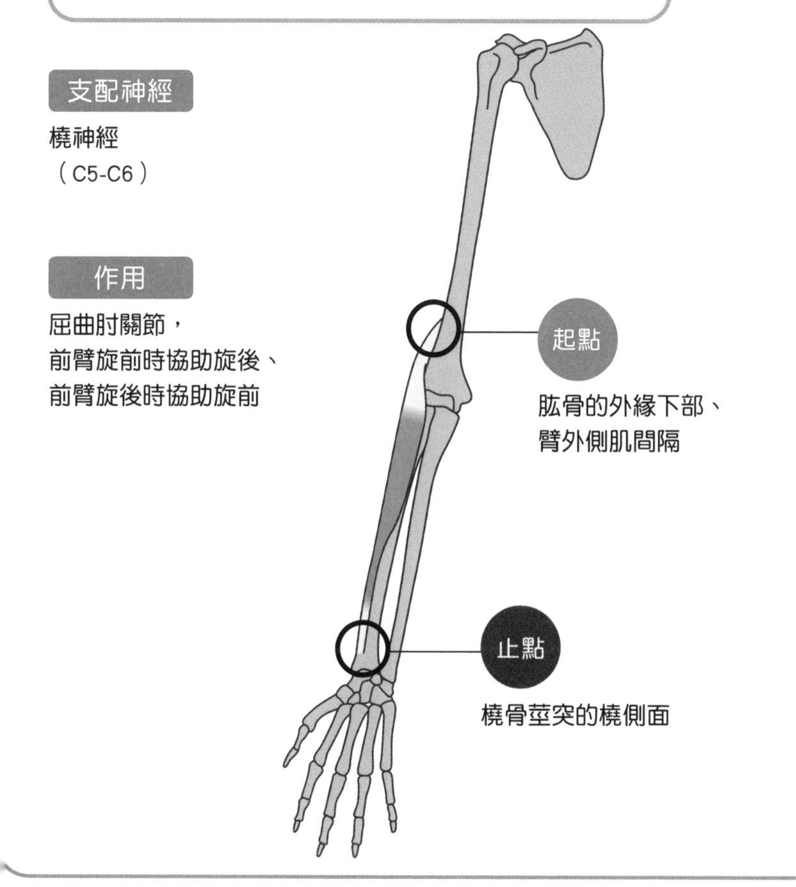

Pronator teres muscle

旋前圓肌

斜向通過手肘內側到前臂外側的肌肉。主要作用是使前臂旋前（手掌朝內側旋轉的動作）。容易引起高爾夫球肘（手肘內側疼痛）須特別注意。

支配神經

正中神經
（C6-C7）

作用

前臂旋前、
屈曲肘關節

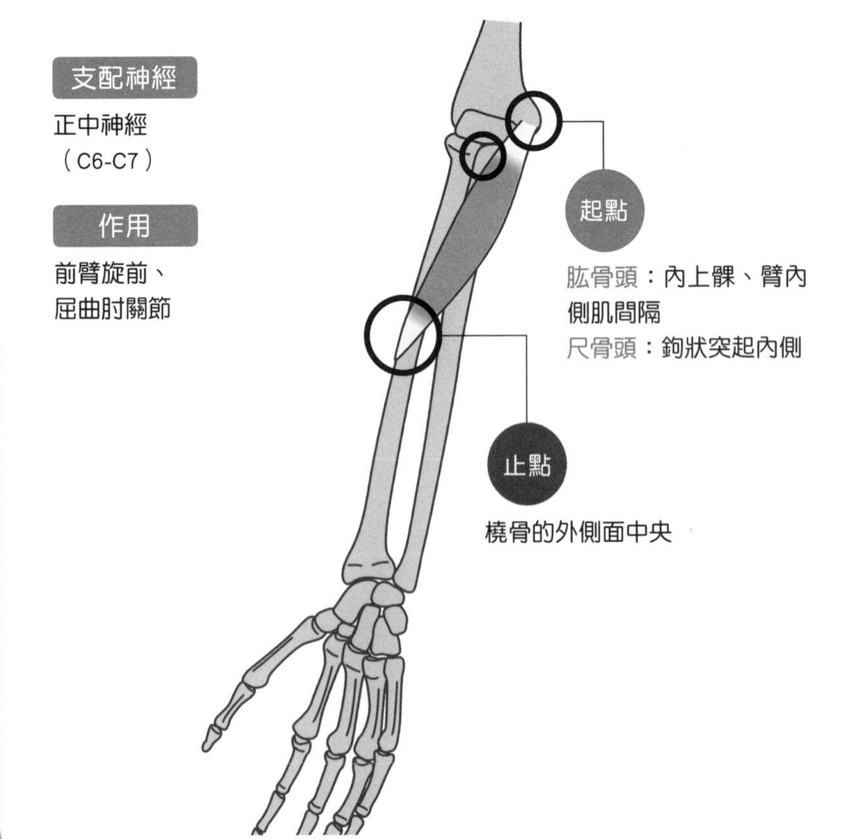

Supinator muscle

旋後肌

位於前臂後方外側，環繞包覆著橈骨頭。具有使手肘向外側扭轉的作用，是前臂旋後（手掌朝外側旋轉的動作）的主力肌肉。

支配神經

橈神經（C5-C6）

作用

前臂旋後

起點

肱骨外上髁、尺骨旋後肌嵴、橈側副韌帶、橈側環狀韌帶

止點

橈骨的近端外側面

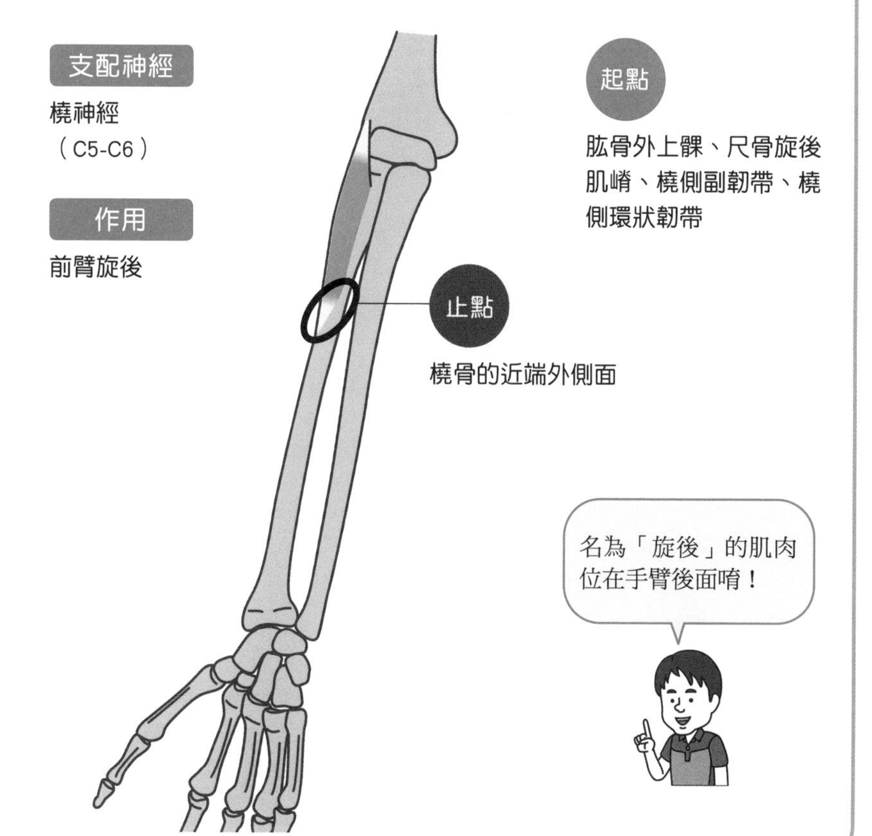

Extensor digitorum muscle

伸指總肌

手指的伸肌中最強而有力的肌肉，長長一條位於前臂後面接近中央的位置。因為位於淺層，用肉眼也可以看見喔。

支配神經

橈神經深支
（C6-C8）

作用

伸展第二到第五根手指、使手腕向手背側彎曲

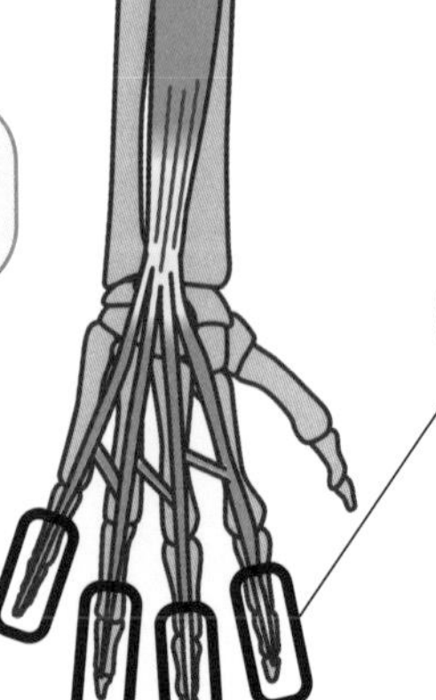

起點

肱骨外上髁、肌間隔、前臂筋膜

止點

中央束：第二至第五指中間指骨底背面
外側束：第二至第五指遠端指骨底背面

可以伸展從食指到小指的所有肌肉喔！

Flexor digitorum superficialis muscle

屈指淺肌

前臂屈腕肌群中最大的肌肉，位於尺側屈腕肌和掌長肌之間。除了彎曲四根手指，還有彎曲手腕的功能。

支配神經

正中神經
（C7-T1）

作用

屈曲食指到小指的PIP關節（近端指間關節）、屈曲MP關節（掌指關節），使手腕向手心側彎曲

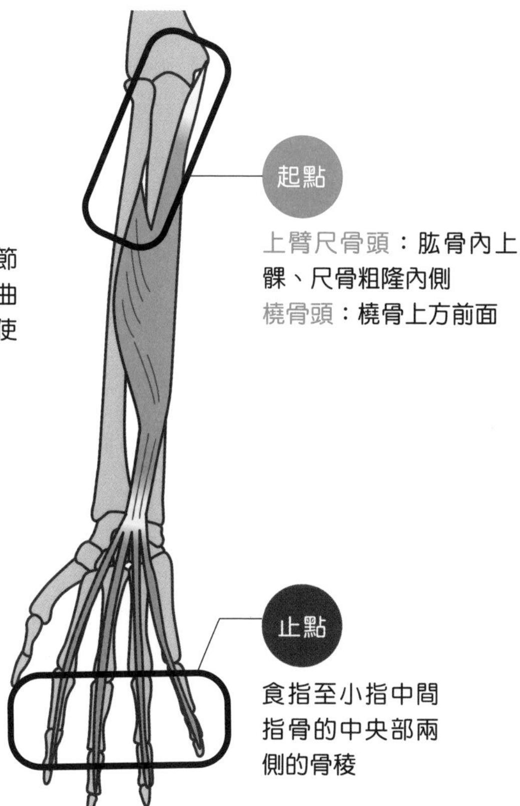

起點

上臂尺骨頭：肱骨內上髁、尺骨粗隆內側
橈骨頭：橈骨上方前面

止點

食指至小指中間指骨的中央部兩側的骨稜

Flexor carpi ulnaris muscle

尺側屈腕肌

位於前臂屈肌中的最內側（尺側，即靠小拇指側），起點分為肱骨頭和尺骨頭，別忘了它也是二頭肌喔！

支配神經

尺神經
（C7-T1）

作用

使手腕關節向掌心、尺側彎曲，屈曲肘關節

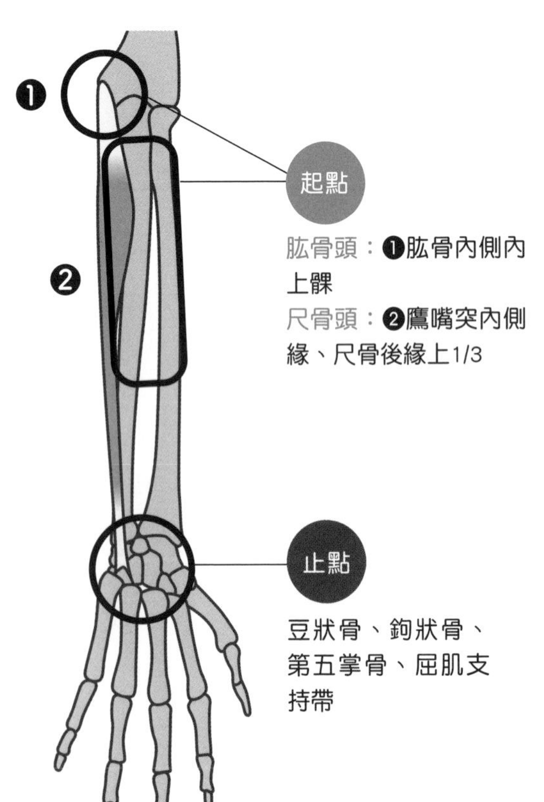

它是位於小指側，使手腕彎曲的肌肉喔！

Extensor carpi radialis longus muscle

橈側伸腕長肌

位於前臂後面最外側（橈側，即靠大拇指側），肌腱止於食指處。特別在前臂旋前時能發揮強大的作用。

支配神經

橈神經（C6-C7）

作用

使手腕關節向手背、橈側彎曲，屈曲肘關節

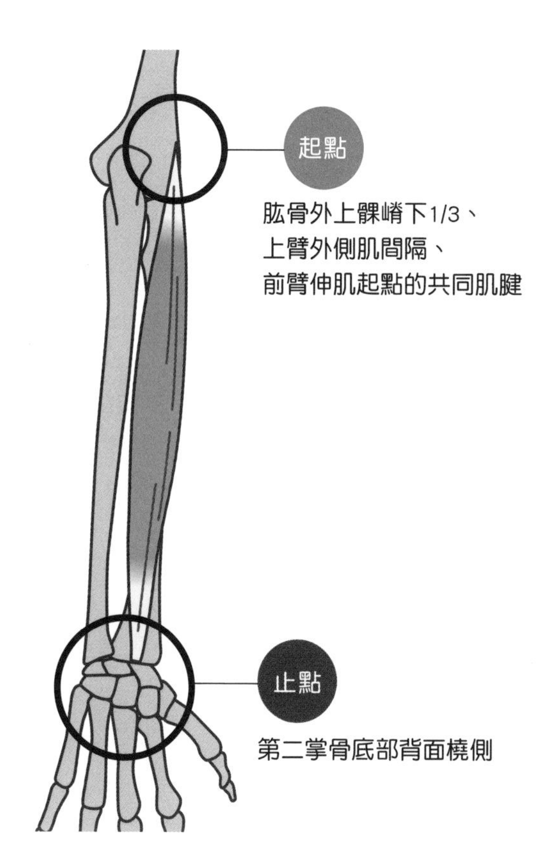

它是位於橈側的長伸肌。

Pronator quadratus muscle

旋前方肌

位於前臂手腕側的扁平肌肉。主要作用是向內扭轉肘部（前臂的旋前動作），能和「旋前圓肌」一起發揮作用！

支配神經

正中神經
（C8-T1）

作用

前臂（橈尺關節）旋前

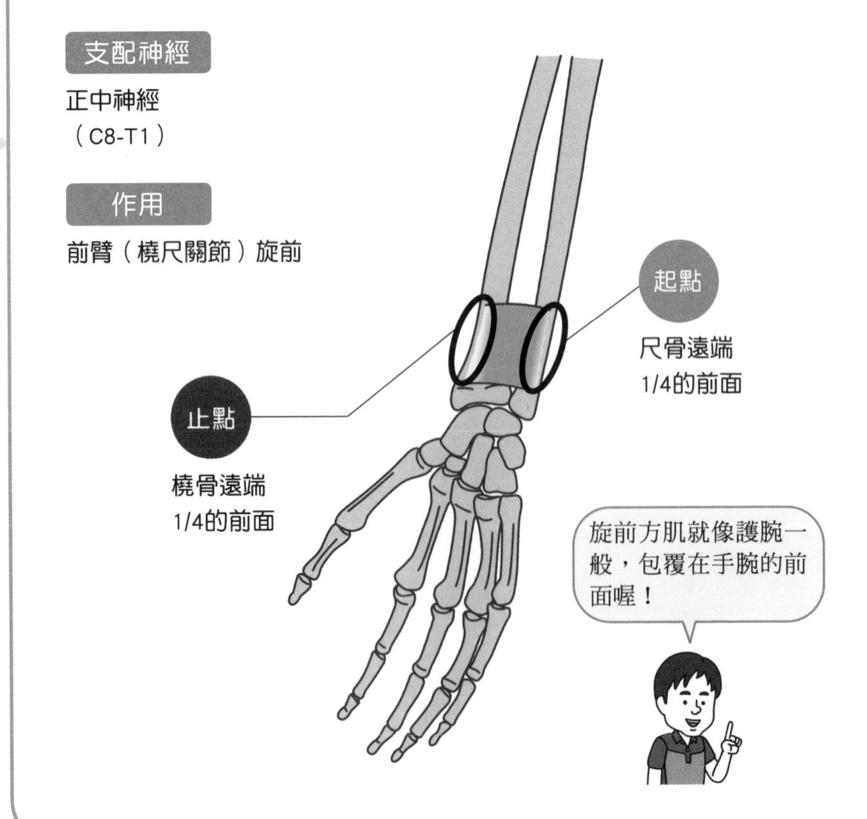

上肢保健與治療重點

放鬆因為操作電腦或手機而扭曲的肌肉

確認上半身是不是呈現「內捲狀態」的方法

由於上肢的範圍廣闊，我們先從以下姿勢來驗證自己的上半身狀態。請站立於地面上，手臂自然下垂時，你的手心會放在大腿的哪個部分呢？這個答案大家都不一樣吧！有的人會在正旁邊，有的人是在斜前方，其位置因人而異。透過手心的位置可以了解什麼呢？那便是「身體內捲」的程度。手的位置越是往大腿的斜前方靠近，就代表上半身內捲的情況越是嚴重。

那麼，這個內捲狀態會造成什麼後果呢？也就是肩膀朝內旋，甚至是肩胛骨外展→脊椎扭曲變形（駝背）→骨盆後傾等等，其影響力會波及全身。因此，可能引發的症狀包括肌腱炎、網球肘、五十肩、肩膀僵硬、顳下頜關節紊亂症、駝背、膝蓋骨關節炎等等，說都說不完。

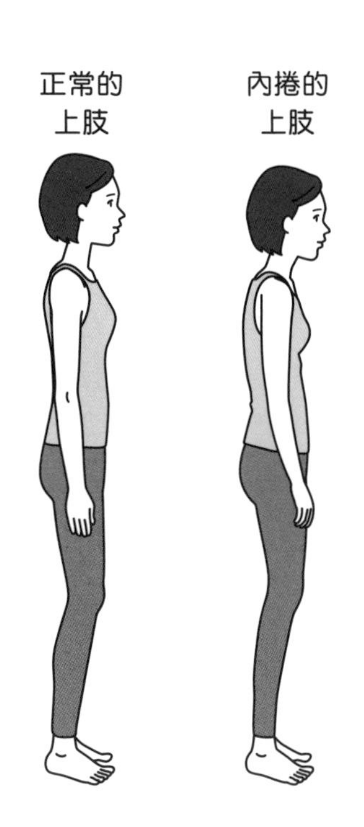

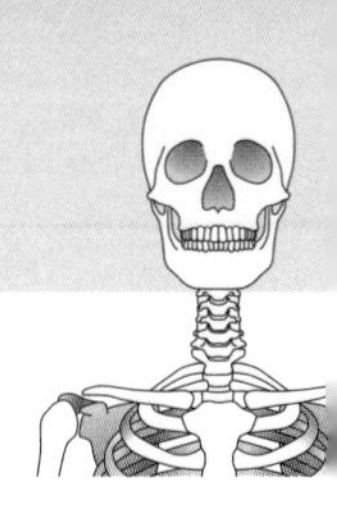

上肢內捲的人
各有不同的肇始原因

不過，實際上就算一樣是內捲，也存在著個別差異喔！有上臂內旋的人、前臂旋前的人、也有兩者兼具的人。像這樣情形，只要是有觸診能力的治療師都能分辨出來，而依我的經驗來看，很多時候大部分的原因都出在前臂。

之所以會造成這個結果，就不得不提到現代人使用電腦與操作手機的普及，因為這兩者都是將手心朝下，也就是在「前臂旋前」的狀態下進行作業的關係。

關注平日進行
「旋前動作」的肌肉

那麼，讓我們來看看負責進行「旋前」動作的肌肉有哪些吧。

- 旋前圓肌
- 旋前方肌
- 橈側屈腕肌

只要好好按摩、放鬆這些肌肉，理當能改善扭曲的狀態，讓肌肉回復到原本位置。而其中旋前圓肌尤其重要，因為這個肌肉雖然是旋前動作中最重要的「主動肌」，但是當其硬化時會造成通過附近的正中神經受壓迫，進而引發「旋前圓肌症候群」。所以不論是在進行治療時或日常保健，都要特別留意旋前圓肌。

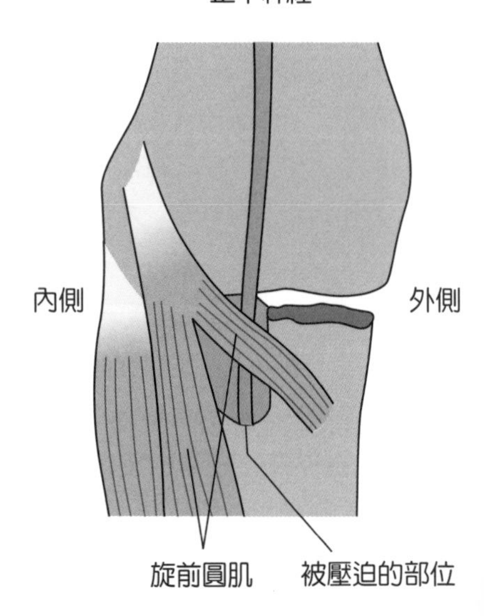

第4章

胸部的骨骼與肌肉

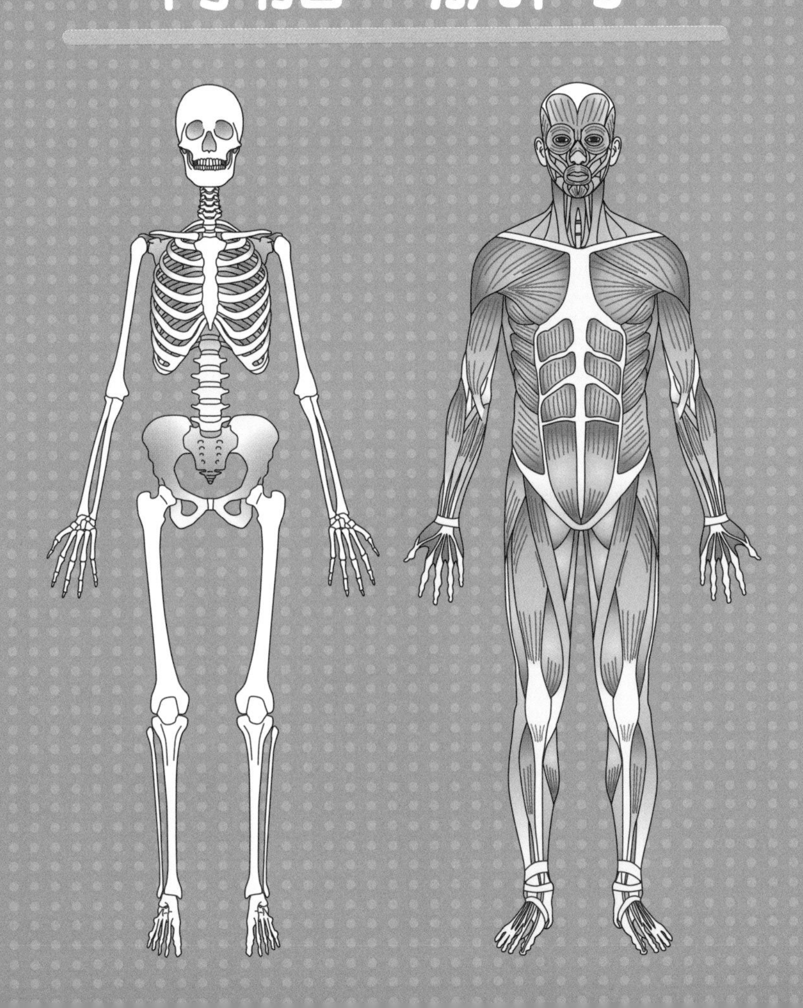

胸部的骨骼

保護心、肺等臟器

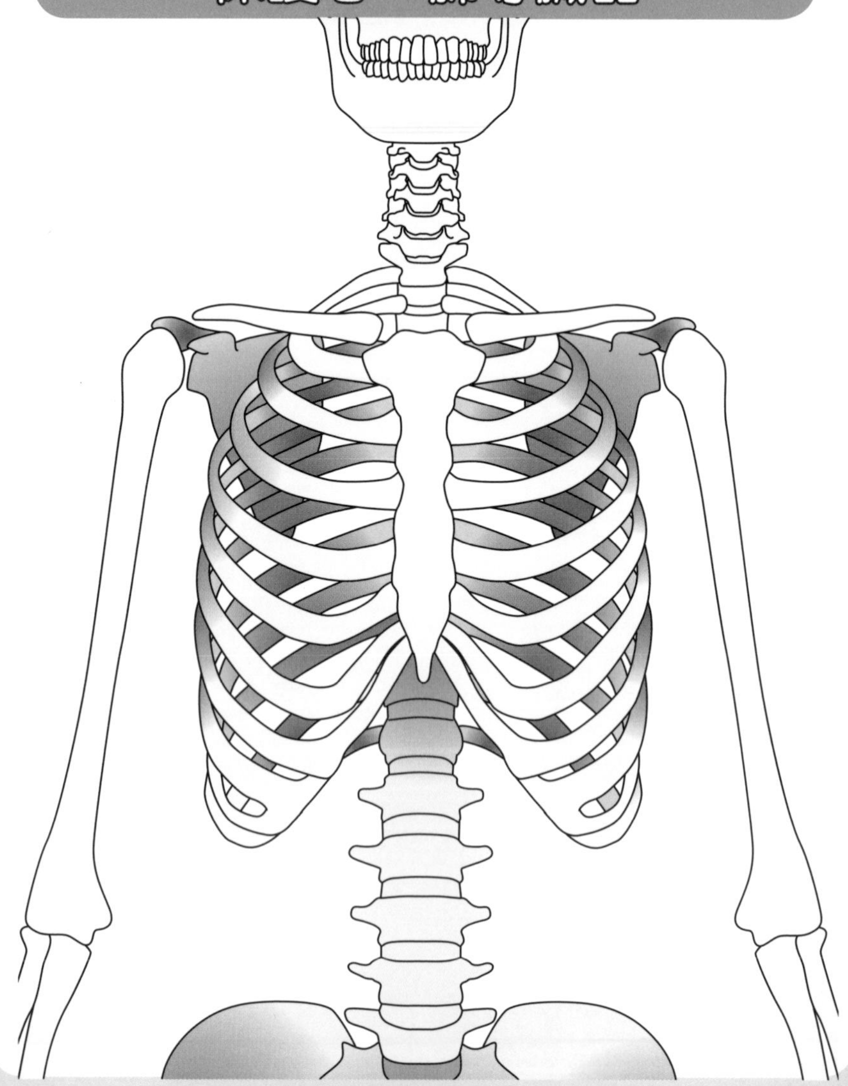

形狀像籃子的胸部骨骼保護重要的內臟器官

胸廓不僅能保護內臟還能協助呼吸

胸部的骨骼被稱為「胸廓」，外形就像籃子一樣。內部胸腔收納了心、肺、胃等重要的內臟器官，保護它們免於受到外部的衝擊。

胸廓由12個胸椎、左右共12對的肋骨、1個胸骨所構成。每個胸椎和肋骨由「肋椎關節」連接，肋骨和胸骨則由「胸肋關節」連接。

因為這些骨骼由各個可動關節連接在一起，所以胸廓才可以使用肋間外肌或肋間內肌等呼吸肌來擴大胸部，承擔將空氣送進肺部的重責大任。

從身體正面來看時，胸部的中央有一個如領帶狀的扁平骨頭就是「胸骨」。胸骨是由上部形狀較寬的「胸骨柄」、中央的長條「胸骨體」、下部突出的「劍突」，三個骨頭所構成，整體些微向前方彎曲。由於胸骨不厚，因此受到衝擊時就容易發生骨折。

透過肋椎關節的連動肋骨能做出大範圍的活動

肋骨並非棒狀，全部都是彎曲的扁平骨頭，左右共有12對（總計24根），其中最長的是第七對肋骨，最短的是第一對肋骨或第十二對肋骨。

肋骨的長度因個人而異，如果偏長的話，就會成為胸廓較大、胸脯較厚的體型。此外，肋骨的彎曲程度也存在個體差異。

胸廓透過12對肋椎關節的連動，建構出可動的構造。不過依據每個關節的不同，可以活動的範圍也有很大的變化。

胸部的骨骼肌

只要鍛鍊，胸脯就會變厚實

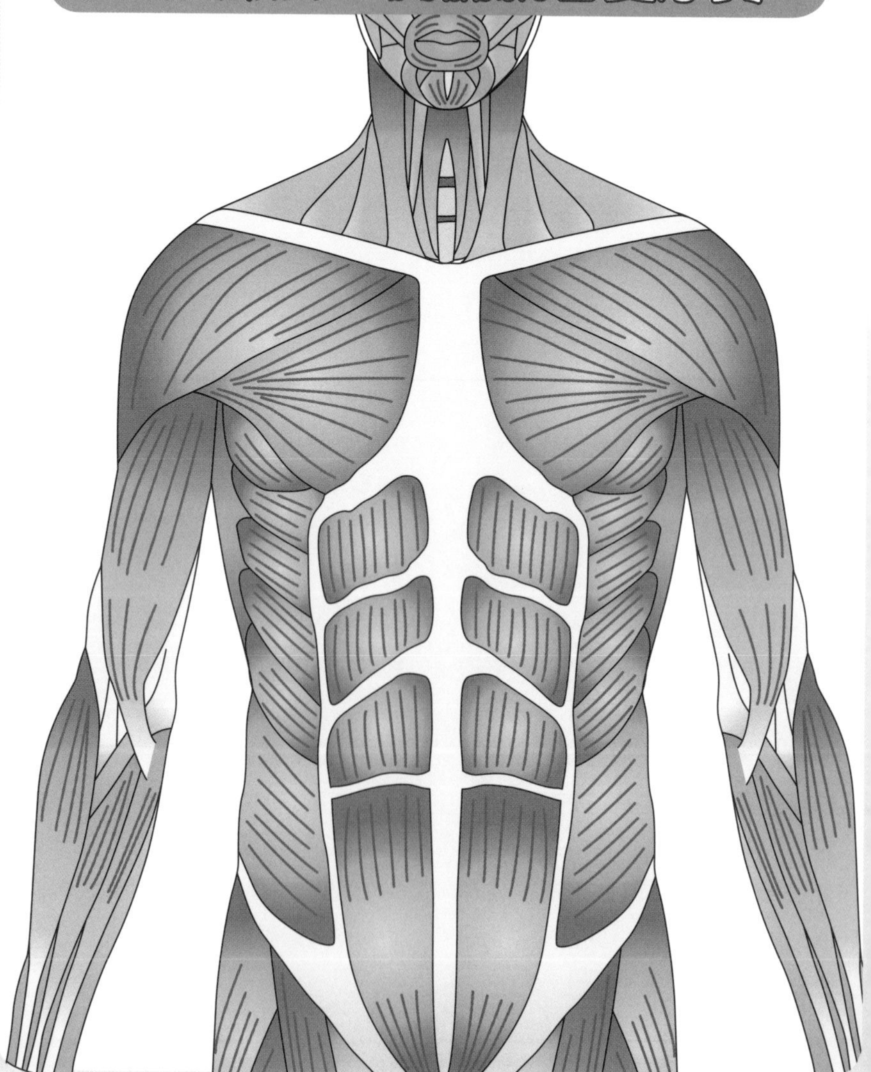

一旦駝背，豎脊肌和背闊肌就會變得硬邦邦
老師，貓咪的背部很圓耶
你的背部也跟貓咪一樣拱起來了喔
好吧！這次我就來解說關於駝背這件事吧
是
喵
駝背可以大約分成兩個種類
①因脊椎的S形幅度減少而變圓
②因肩胛骨或肩關節向前傾斜而變圓
如果形成駝背，肩膀和背部的肌肉就會變得硬邦邦、又僵又硬喔～
ガチで
ガチ♪
ガチ
豎脊肌
也可能出現慢性肩膀痠痛或手臂難以抬起、腹部凸出……
全部
都被說中了
駝背的根本原因是
「日常生活中身體朝向前方的情況偏多」
這樣的生活習慣容易形成駝背喔
・操作手機或電腦時肩膀前傾
・側睡
・運動不足
（腹肌或深層肌肉的肌力下降）
我會好好改善的！
從明天開始……
從今天開始！

Pectoralis major muscle

胸大肌

位於胸部表層的強大肌肉，可將手臂拉向胸部，是肩關節水平內收的主要肌肉。由於在這個筋膜上有乳房，所以女性訓練這塊肌肉可以豐胸，男性則可以打造厚實的胸脯。

支配神經

內側及外側胸神經（C5-C8、T1）

作用

肩關節內收、內旋，用力吸氣時會上抬肋骨、擴大胸部，上段纖維能使肩關節屈曲、水平內收

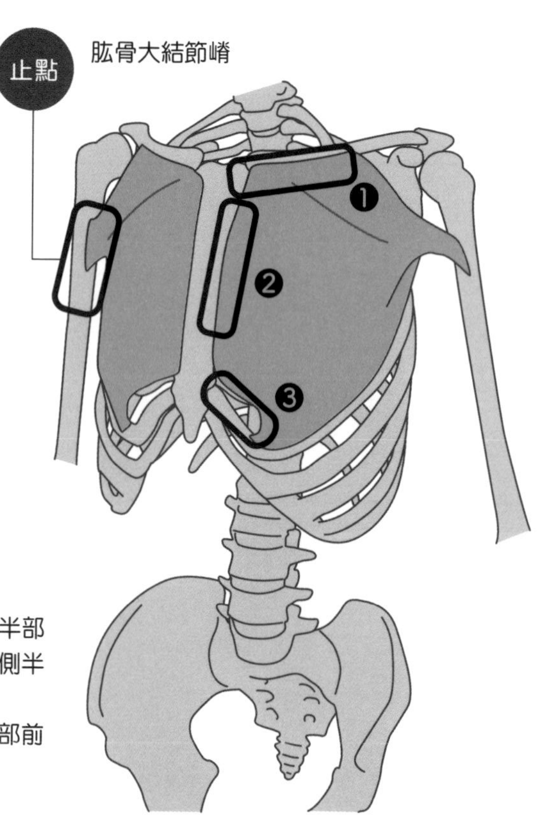

起點

鎖骨部：❶鎖骨內側前半部
胸骨部：❷胸骨前面同側半邊，第二到第七肋軟骨
腹部：❸腹直肌鞘最上部前葉

Pectoralis minor muscle

胸小肌

位於胸大肌內層的一塊小三角形肌肉，構成腋窩的前壁。和胸大肌的作用不同，是深呼吸時和前鋸肌一起活躍表現的肌肉。

支配神經

內側及外側胸神經（C7-T1）

作用

使肩胛骨前傾、向下旋轉，用力吸氣時會上抬肋骨、擴大胸部

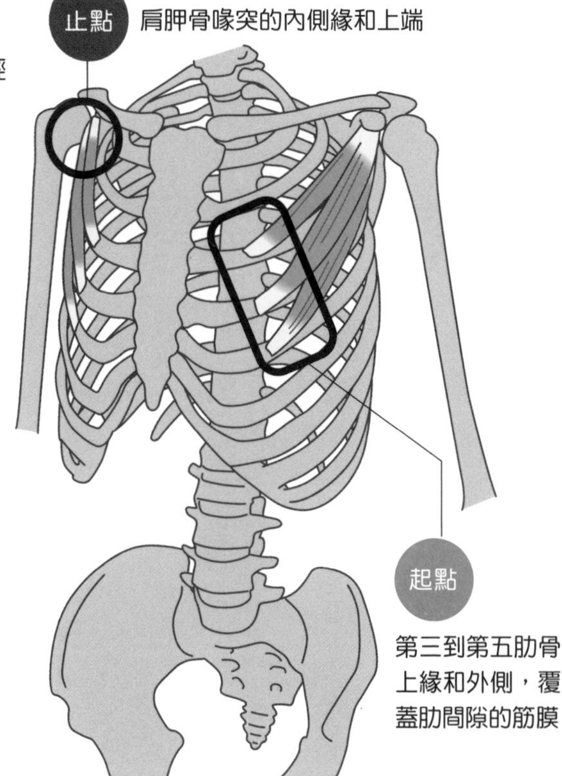

Subclavius muscle

鎖骨下肌

位於鎖骨和第一肋骨間的小肌肉，被胸大肌覆蓋於下方。有防止胸鎖關節移位的作用。雖然微小，但對肩膀的活動也很有貢獻。

支配神經

鎖骨下神經
（C5-C6）

作用

將鎖骨拉往前下方、防止鎖骨被往外拉，有助於穩定和保護胸鎖關節

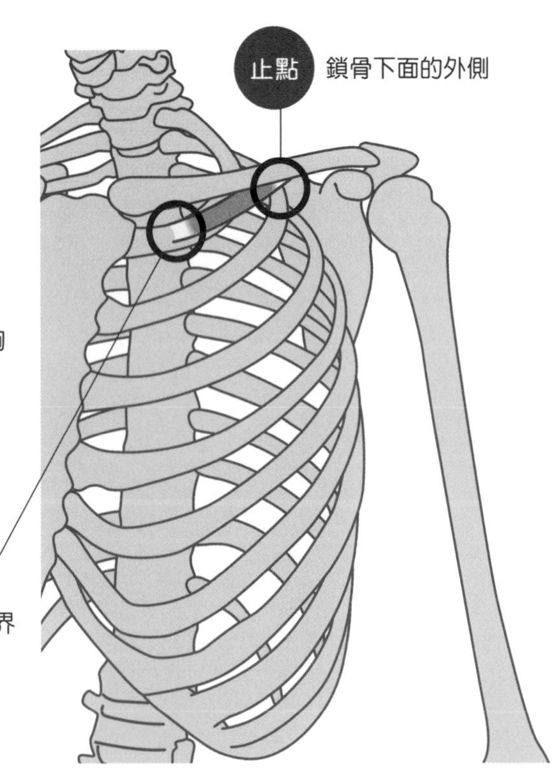

止點 鎖骨下面的外側

起點

第一肋骨與肋軟骨交界處的上方前面

Serratus anterior muscle

前鋸肌

從肋骨延伸到肩胛骨的鋸齒狀肌肉。在功能上分為與大小菱形肌對立的上部和下部，它的主要功能是向前推動肩胛骨。

支配神經

胸長神經（C5-C7）

作用

肩胛骨外展、向上旋轉、向下旋轉，肩胛骨固定時將胸骨拉向外側的上方

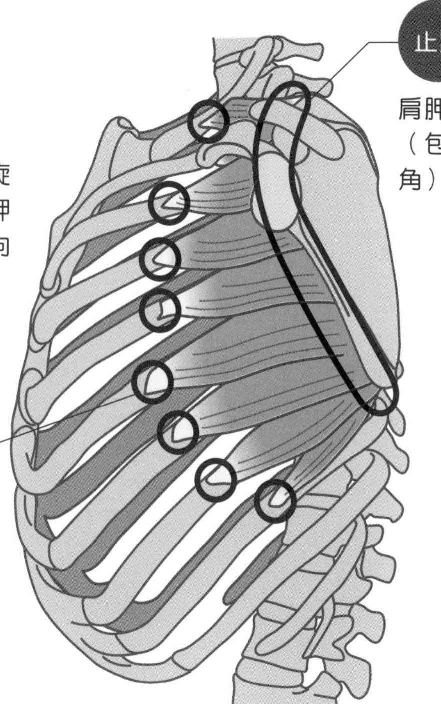

External intercostal muscle

外肋間肌

行經肋骨間的呼吸肌，起於每一根肋骨下方，並停止於下一根肋骨。有抬起肋骨、擴展胸廓、將空氣吸入肺部的功能。

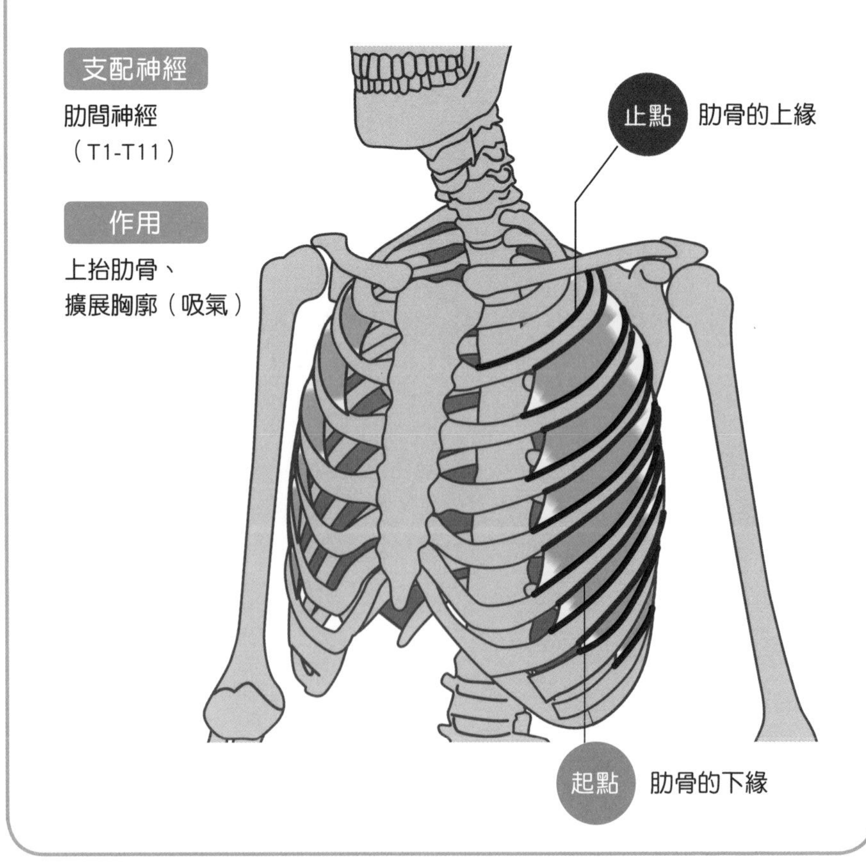

Internal intercostal muscle

內肋間肌

位於外肋間肌裡面的呼吸肌。肌纖維的走向和外肋間肌相反，有輔助肋骨下降、使胸廓變窄，吐出空氣的功能。

支配神經

肋間神經
（T1-T11）

作用

降下肋骨、
壓縮胸廓（吐氣）

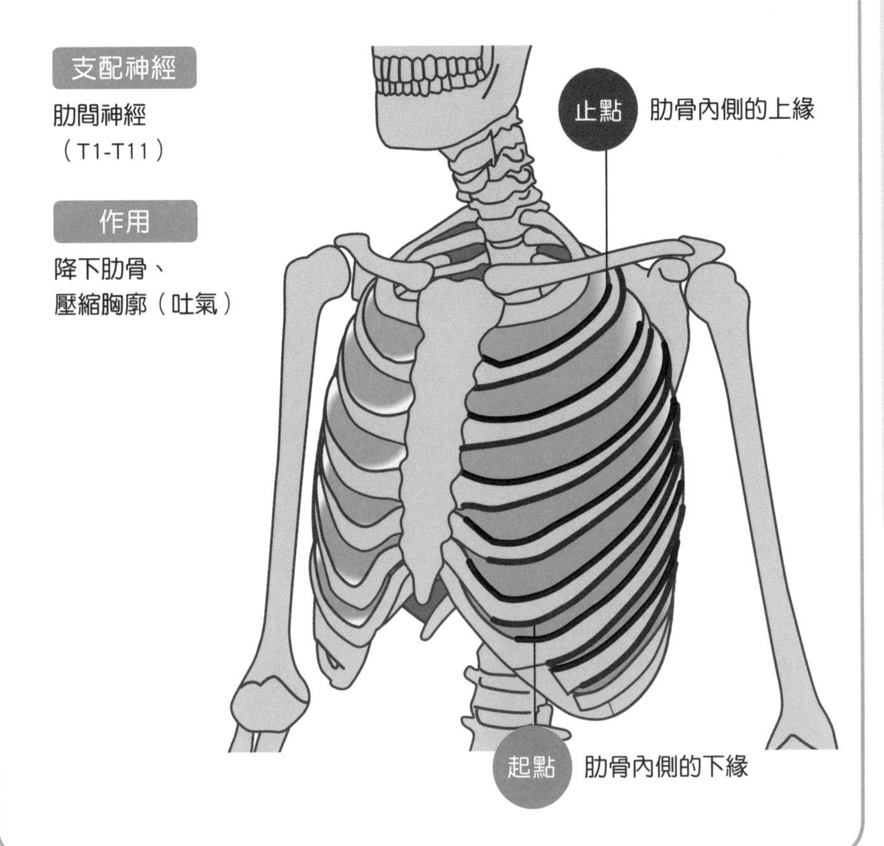

Diaphragm

橫膈膜

雖然被稱為膜，但實際上是骨骼肌的一種。將胸腔和腹腔分隔開，位於胸廓下部，形成一個彷彿要阻塞胸廓般的凸圓頂狀隔牆。是腹式呼吸的主要肌肉，有拮抗腹橫肌的作用。

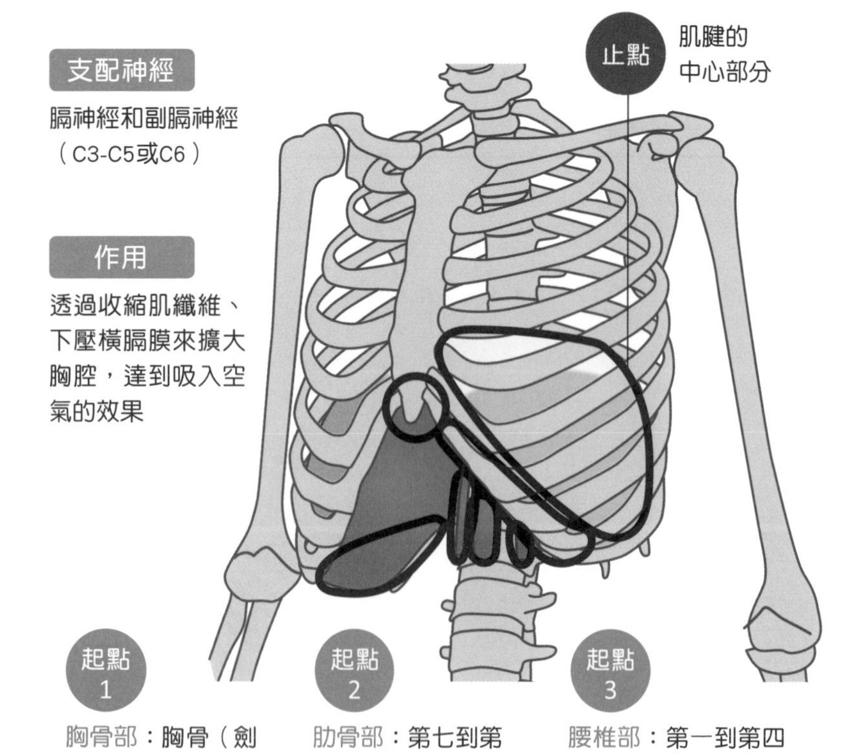

支配神經

膈神經和副膈神經（C3-C5或C6）

作用

透過收縮肌纖維、下壓橫膈膜來擴大胸腔，達到吸入空氣的效果

起點1 胸骨部：胸骨（劍突）、一部分是腹橫肌腱膜的內面

起點2 肋骨部：第七到第十二肋軟骨的內面

起點3 腰椎部：第一到第四腰椎（椎體）

胸部保健與治療重點

胸椎對身體姿勢有重大影響 在各種動作中貢獻良多

說到胸部，也許很多人第一聯想到的是前側的肋骨，但是，與駝背等姿勢相關的卻是位於背部、支撐著肋骨的「胸椎」。如同前述所言，胸椎是支撐肋骨、透過前方的胸骨來形成胸廓的骨頭，因此一般不被認為是會移動的脊椎骨。

確實，胸椎不像是頸椎或腰椎那樣不與其他骨骼連接，所以動作肯定是比較少的，但縱使如此，胸椎也有屬於它自己的移動方式。那麼胸椎到底是怎麼樣移動的呢？它的可動範圍有多少？我們來和其他的脊椎骨比較看看吧。

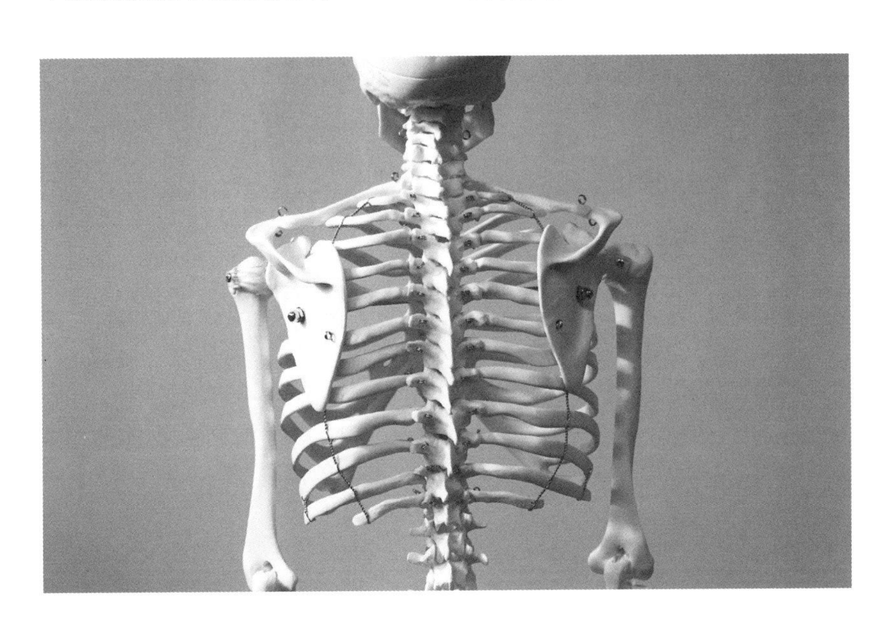

在這裡我所引用的圖是較為粗略的表記方式，實際上當然有更細微的測量資料，但已經足夠幫助我們初步理解。我希望各位注意的地方是，做出一個腰部動作時，施力的絕不僅於腰椎，胸椎也付出了相當多的貢獻。

比如「旋轉」，這是一個讓身體向左右前後扭轉的動作，也許會有很多人憑感覺認為是透過腰部在進行，但實際上胸椎也同樣在發揮作用。再者，還有像是朝身體後方彎曲的「伸展」動作，也常被用來當作腰痛的判斷基準，但其實此時的胸椎也和腰椎一樣，付出了大略相同的貢獻。

從屈曲、伸展來比較各脊椎骨的可動區域

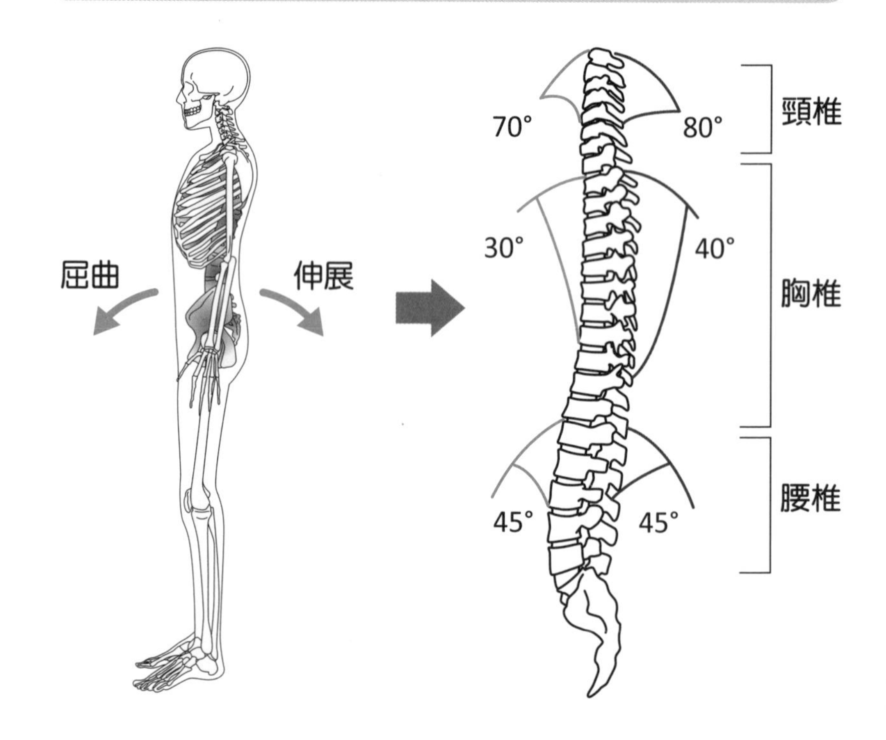

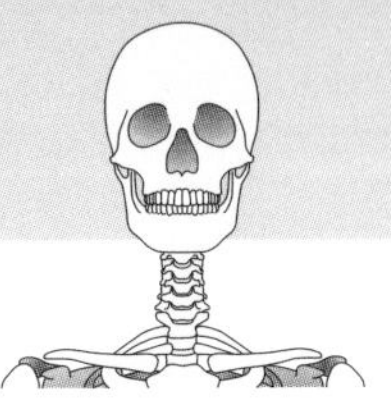

如果胸椎的動作不順暢 頸部和腰部的活動也會變差

如圖所示，因為胸椎正好位於頸椎和腰椎的中間，所以從某方面來說，胸椎也會參與、輔助它們的各個動作。也就是說，當胸椎的活動度變差時，胸部本身的動作也理所當然地跟著變差，甚至會對頸部和腰部產生不好的影響。反之，如果能使胸椎的動作回復正常的話，脊椎整體的動作也會得到改善。在這裡我所說的動作，並非單指屈曲或伸展等脊椎動作，還包括肋骨所做的呼吸運動，還有透過鎖骨來連動胸骨、包含肩胛骨的上肢運動也

從旋轉來比較各脊椎骨的可動區域

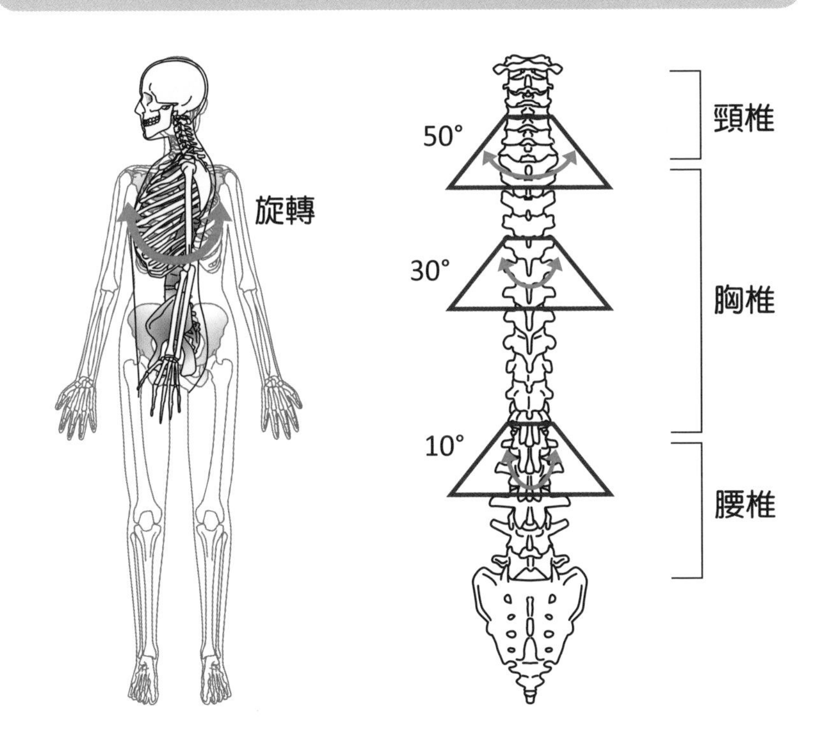

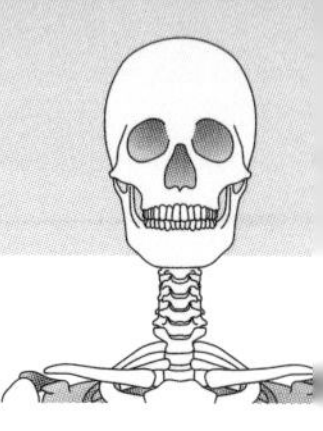

都在此範圍內。說到這裡，現在各位應該已了解胸椎的重要性了吧。

甚至，我個人認為，胸部可以說是影響人類生存至關重要的部位。在某一個調查報告中，有91%的女性對「駝背的女性看起來比實際年齡衰老」這個問題的回答是「YES」，這也是為何我說它是影響人類生存的原因了。如果真的有所謂「吸引幸運的法則」這樣的東西，那麼我想一定不會是把自己的體態弄糟，使自己看起來比實際年齡老這件事吧。

因此，請各位一定要時時提醒自己，在進行胸部保健或治療時，必須同時留意並改善身體的姿勢。

從側屈來比較各脊椎骨的可動區域

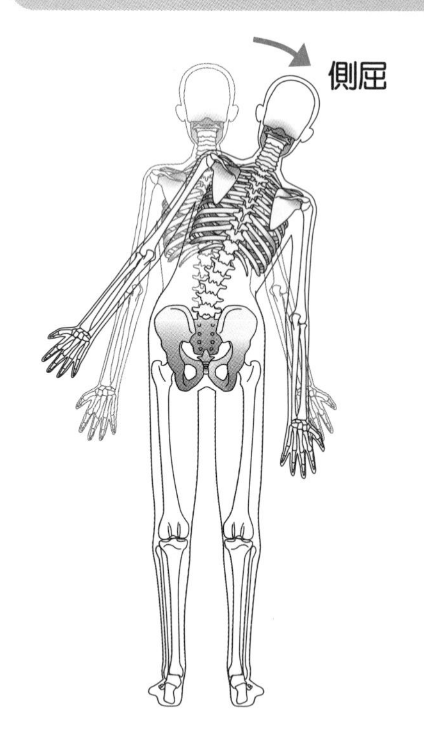

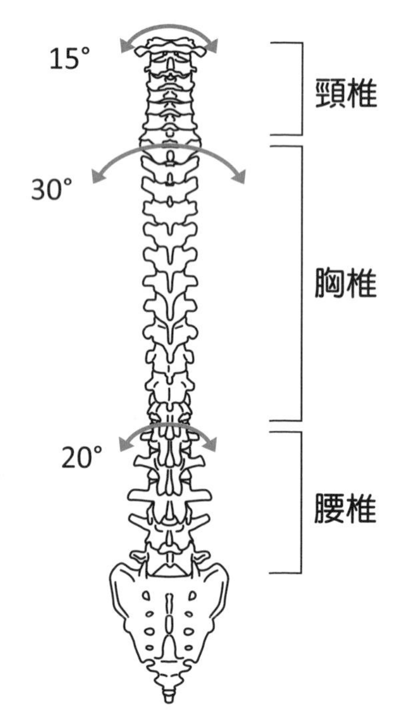

第5章

腹部・骨盆的骨骼與肌肉

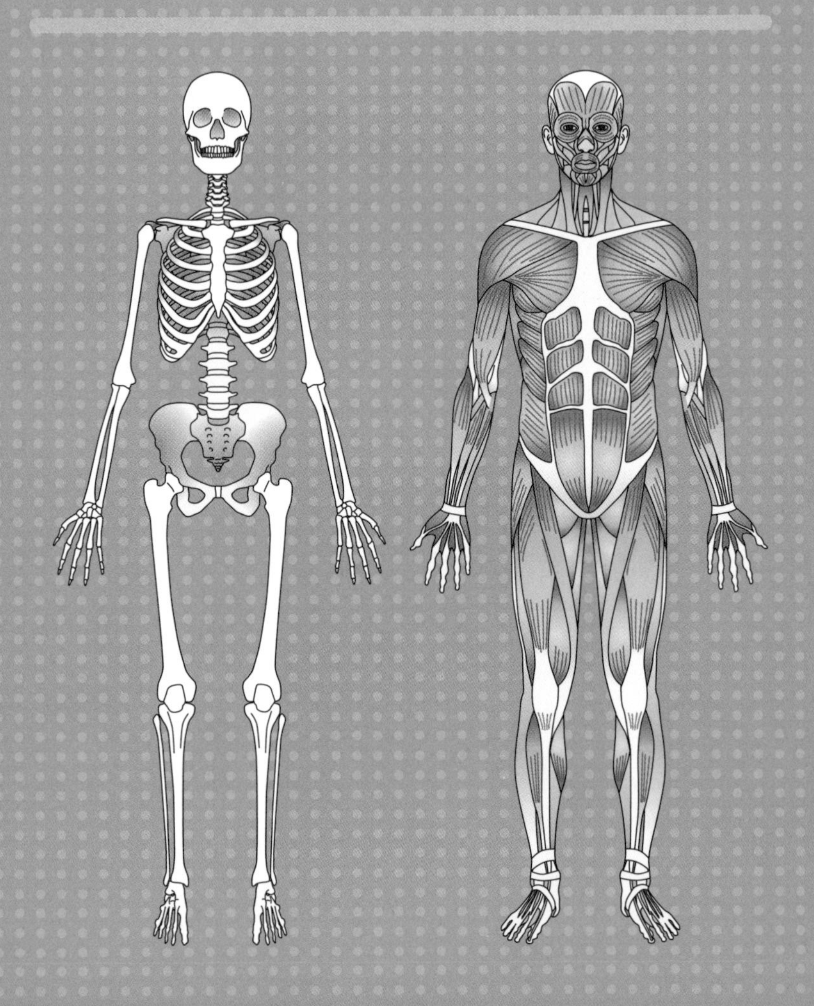

腹部・骨盆的骨骼

支撐身體的健康與穩定性

骨盆連接軀幹和下肢
由薦骨、尾骨、髖骨相連而成

薦骨作為底座
支撐人體最大梁柱的脊椎

從人體前方看過去時，位於中央後方（背面）的骨頭是作為脊椎根部的「薦骨（薦椎、骶骨）」，接著往下看，在脊椎最下方和薦骨相連的是「尾骨」，而在它們的兩側，有成為臀部的「髖骨」，這些骨頭連結起來便形成我們所說的「骨盆」，負責連接軀幹和下肢。

薦骨是由5塊骶椎融合形成的一個大三角形骨頭，作用是成為基台，支撐人體中最大梁柱的脊椎。

薦骨和第五腰椎之間有腰骶關節，和髂骨之間則有骶髂關節（薦髂關節）。骶髂關節的周圍有許多韌帶包覆住，緊密的連接在一起，因此，幾乎不具可動性。

薦骨的形狀有男女差異，一般而言，女性的薦骨較寬，而男性的薦骨背面較彎。

髖骨（髂骨、恥骨、坐骨）
有保護大腸等器官的作用

髖骨是附著在薦骨左右兩側的扇形骨頭，由上方的髂骨、下前方的恥骨、下後方的坐骨所構成。

髂骨是骨盆中最大的骨頭，有保護收納在骨盆內的大腸、膀胱、子宮等器官的作用。因為富含大量的骨髓，所以一般在進行骨髓移植的時候都是從髂骨抽取骨髓液。

恥骨是內收肌群、骨盆底肌群的起點。坐骨則是膕繩肌的起點。當通過坐骨附近的坐骨神經受到刺激時，從臀部到大腿內側可能會出現疼痛和麻痺的情形。

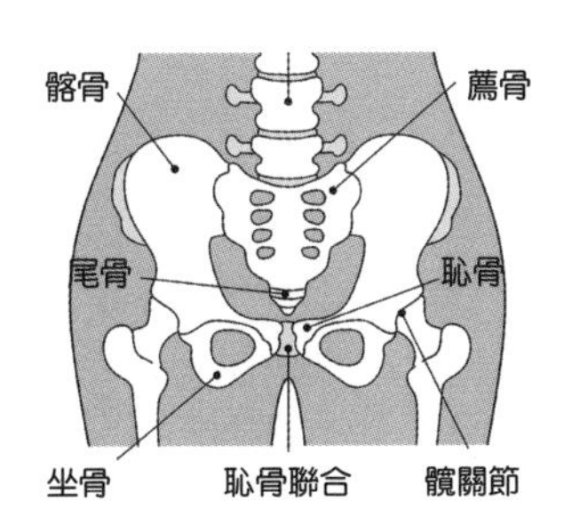

腹部・骨盆的骨骼肌

對維持良好姿勢有所助益

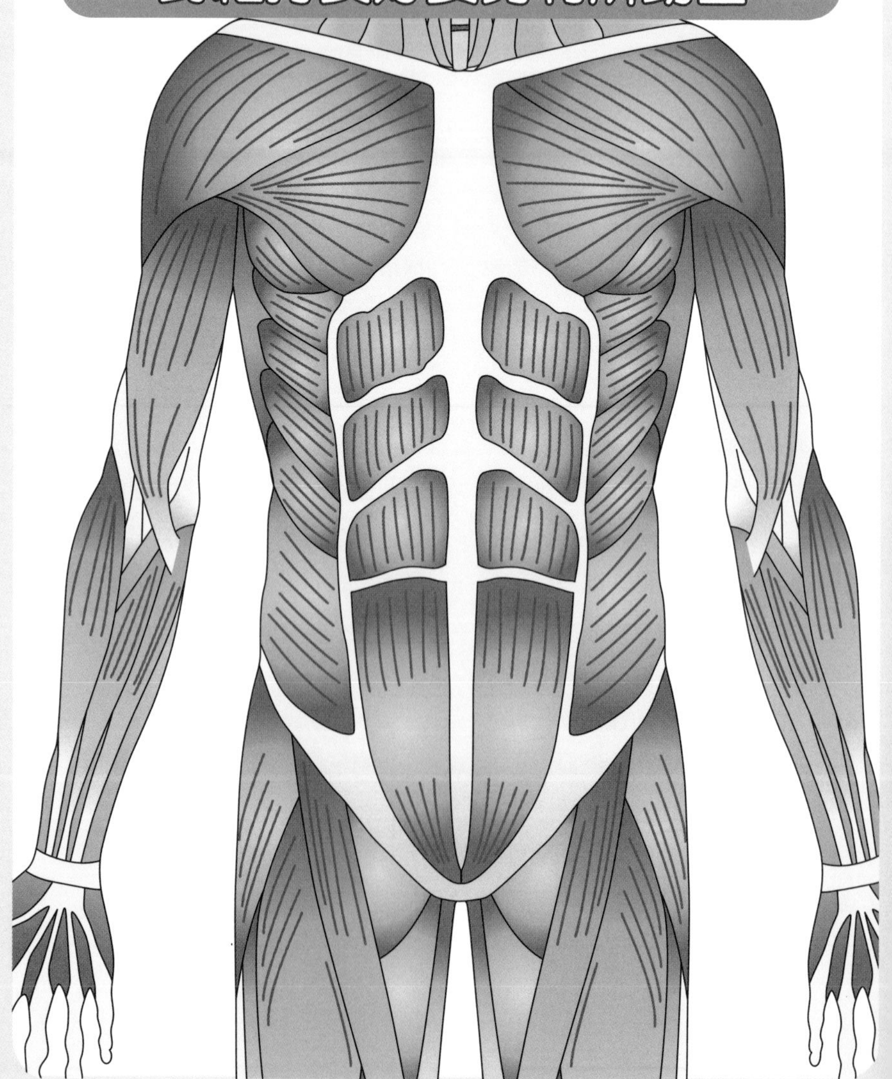

第5章 腹部・骨盆的骨骼與肌肉

Rectus abdominis muscle

腹直肌

位於腹部前面的兩側，是一個又長又大的肌肉，我們常說的腹肌就是指這塊肌肉。它的肌腹分成四～五段，也有保護內臟的作用。

支配神經

肋間神經（T5-T12）

作用

屈曲體幹、使胸廓的前壁下降；固定胸廓的時候，骨盆的前部會被往下壓，同時使脊椎向前方彎曲

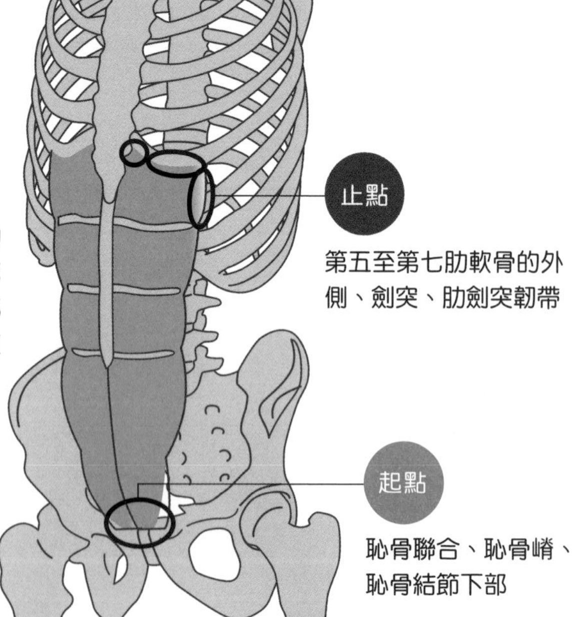

腹直肌是從仰臥的姿勢起身時，或降低胸廓吐氣時，幫助呼吸的肌肉。

不但是保持良好體態的必要條件，還有保護內臟的功能。

Abdominal external oblique muscle

腹外斜肌

位於腹部側面最表層的肌肉，背側部分被背闊肌覆蓋住。與腹內斜肌相比，在體幹動作上付出較多的貢獻！

支配神經

肋間神經（T5-T12）、
髂腹下神經和髂腹股溝神經

作用

使體幹屈曲、側屈、朝對側方向旋轉，使骨盆往後傾、向側邊傾斜

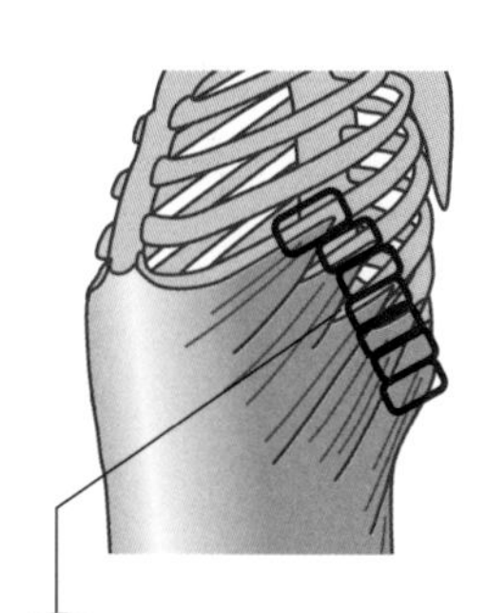

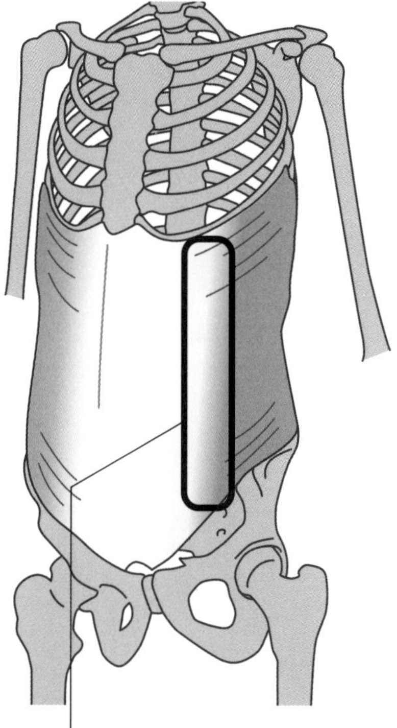

起點 第五至第十二肋骨外側和下緣

止點 髂嵴外唇的前半部，腹股溝韌帶、腹直肌鞘前葉

Abdominal internal oblique muscle

腹內斜肌

所在位置比腹外斜肌深、比腹橫肌淺。在排便、咳嗽或分娩等需要提升腹壓的情況中發揮作用！

支配神經

肋間神經（T10-T12）、髂腹下神經和髂腹股溝神經的分支

作用

使體幹屈曲、側屈、朝同方向旋轉，使骨盆向側邊傾斜

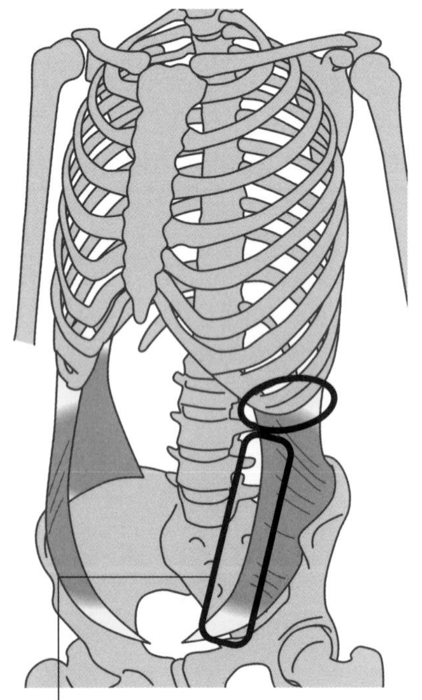

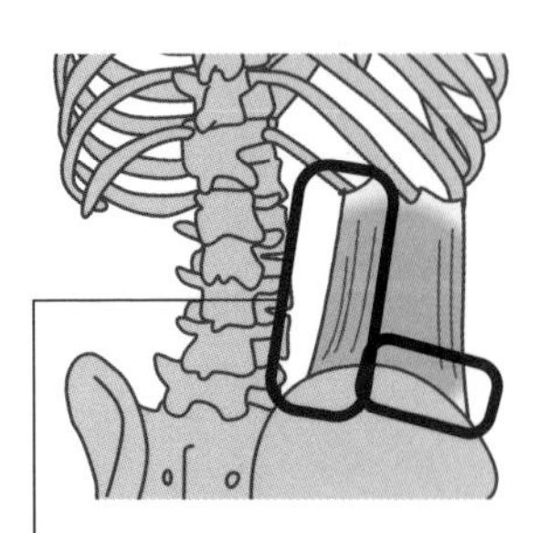

起點 腹股溝韌帶外側半部、髂筋膜、髂嵴中線的前2/3處、胸腰筋膜前層

止點
上部：第十至第十二肋軟骨下緣
中部：腹外斜肌和腹橫肌的腱膜
下部：和腹橫肌同樣都是止於薄的腱膜

Transversus abdominis muscle

腹橫肌

就像肚圍一樣包住腹部，位於腹部側面最深層的肌肉。有壓縮腹腔內部，使肚子向內凹的功能，也是吐氣時的主要肌肉。

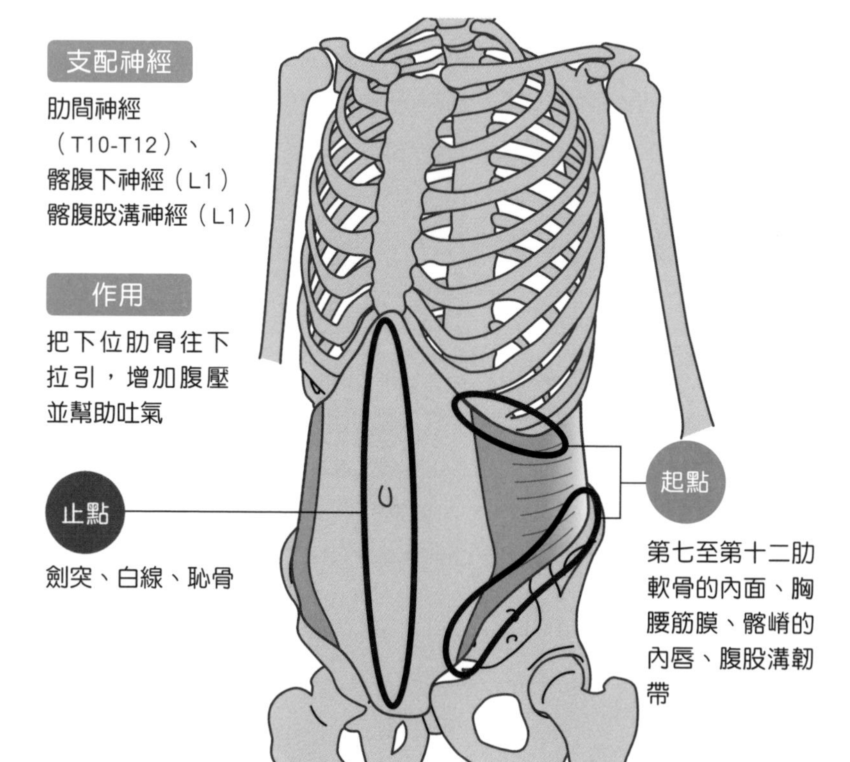

Quadratus lumborum muscle

腰方肌

位於腹部深處，雖然很小，但是能透過骨盆作用<u>抬高髖關節</u>、<u>降低第十二對肋骨</u>，是一個很常使用到的肌肉！

支配神經

腰神經叢
（T12、 L1-L3）

作用

單側：使體幹向同側方向彎曲
兩側：吸氣至停止時使腹部出力、用力吐氣，穩定第十二對肋骨

第十二肋骨
第一至第四腰椎（橫突）

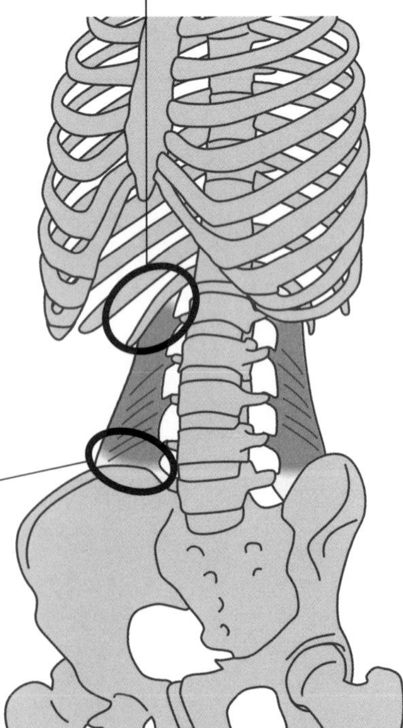

起點

髂嵴和髂腰韌帶
※起點和止點都在背面

Pelvic floor muscles

骨盆底肌群

骨盆的底部有一個大洞，尿道和肛門等重要器官都聚集在此，而發揮堵住洞口作用、保護這些器官的，正是這個被稱為骨盆底肌群的肌肉群，它們能從骨盆的底部支撐內臟器官。

尾骨肌

起於薦骨尖端，附著在尾骨上。

提肛肌

是位於肛門周圍的「髂骨尾骨肌」、「恥骨尾骨肌」、「恥骨直腸肌」、「恥骨會陰肌」的總稱。為骨盆底肌之一，形成骨盆膈膜，並支撐骨盆腔器官。

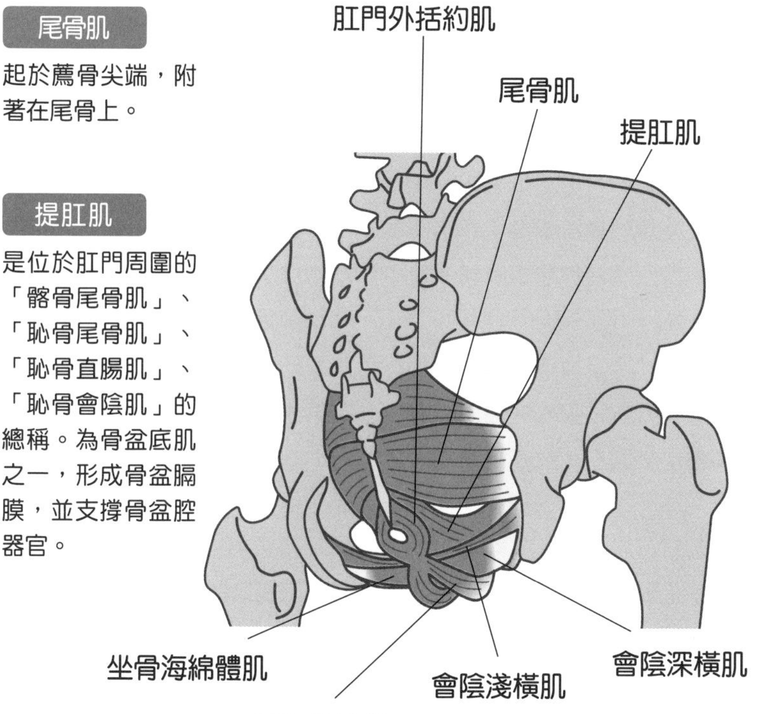

腹部・骨盆保健與治療

強而有力的腹部肌肉維持身體穩定性

腹壓和骨盆底肌群是關注重點

說到腹部，我們經常會從審美的角度來觀看，所以腦中會率先出現「小蠻腰」、「馬甲線」或「六塊肌」等形象，但從功能面來說，腹部是幫助我們維持全身「穩定」的地方。而為了發揮穩定身體的機能，很重要的一點便是「腹壓」。

現今我們已經知道，透過使用橫膈膜來執行的「腹式呼吸」，可以提高腹部的壓力。但在這裡我希望各位注意的不只是橫膈膜，而是「骨盆底肌群」。骨盆底肌群正如其名，是位於骨盆底部的肌肉，如果假設腹腔是一個房間的話，那麼它扮演的就是地板的角色。

鍛鍊骨盆底肌對女性保健很重要

在當今社會中，「Femtech女性科技」和「Femcare女性護理」這類的詞彙越來越流行，女性的健康照護儼然成為世界的焦點，其中，關於骨盆底肌群的肌力下降也常常成為話題。

雖說整體而言，還是以在分娩前後的女性，最能認知到骨盆底肌群的重要性。不過，最近關於該主題的討論範疇擴大，除了懷孕、生產，甚至在不孕治療的過程中，也增加了視男性的骨盆底肌群肌力下降為問題的觀點。

重點

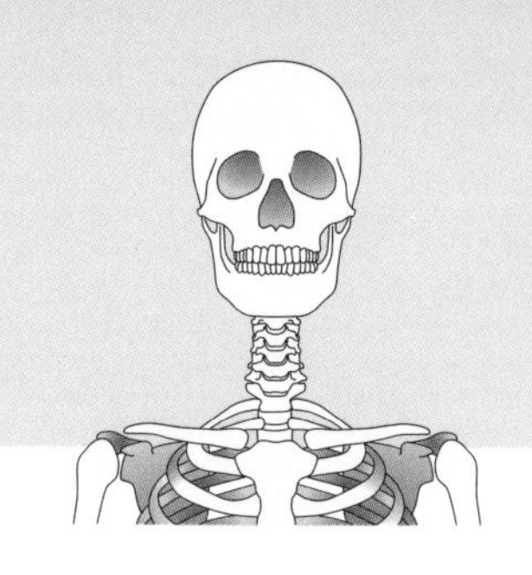

造成骨盆底肌群肌力下降的原因之一是久坐

那麼，為什麼肌力下降這個現象會變嚴重呢？首先必須知道，我們最常使用到骨盆底肌群的時機是「忍耐」便意的時候。很久很久以前，我曾經參加過骨盆底肌群的訓練班，當時不像現在，還沒有明確的訓練方式，所以我們用的肌肉訓練法是靠著各種姿勢（四足跪姿或坐姿等等），不斷地嘗試閉緊自己的肛門口。當然這個方法也沒有錯，但在此讓我們更進一步來探討它們和其他部位的連動關係吧。

變換不同的姿勢，對骨盆底肌群的使用程度是否會產生影響？雖然剛才我已經說過忍耐便意時會使用到骨盆底肌群，但是現在讓我們試著從反方向來思考看看，怎麼樣的姿勢容易排便呢？請想像自己要

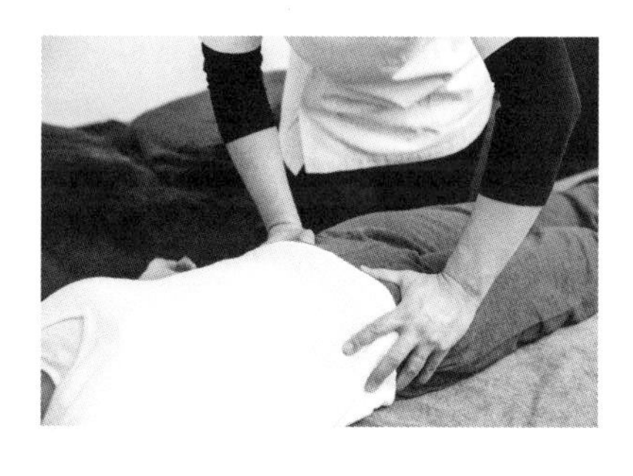

使用傳統蹲式馬桶，這時候會把雙腳微微打開、背部拱起、骨盆後傾……正是被稱作「駝背」的姿勢。如果說這樣的姿勢容易排便，那麼骨盆前傾、背部微微向後仰、兩腳闔起來的相反姿勢，就可以說是容易「忍耐」便意的姿勢（使用到骨盆底肌群的狀態）。

像這樣的姿勢對於強化肌力有其必要性，可是最近，長時間坐著辦公的工作越來越多，背部拱起的不良姿勢也變多，像這樣受限於環境所產生的問題也可以說是肌力下降的原因。

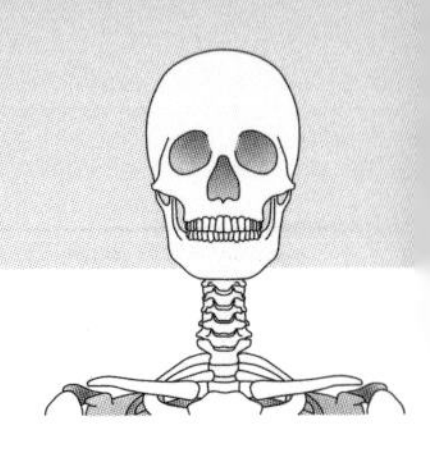

骨盆底肌群的作用和腹式呼吸也有關係

其實骨盆底肌群和腹式呼吸也有很深的關係。一般我們談到腹式呼吸時，常會把注意力放在橫膈膜上，但如圖所示，做腹式呼吸時也需要依靠骨盆底肌群的收縮。讓身體維持穩定的腹壓，或進行「呼吸」將氧氣帶入體內、將二氧化碳排出等，這些維持生命活動必要的功能都需要由腹部的肌肉負責。

因此，針對生活中不可或缺的骨盆、骨盆底肌群，給予妥善的保健與治療非常重要。還有，關於鍛鍊腹部肌肉或骨盆底肌群的方法，也建議有基本的理解。

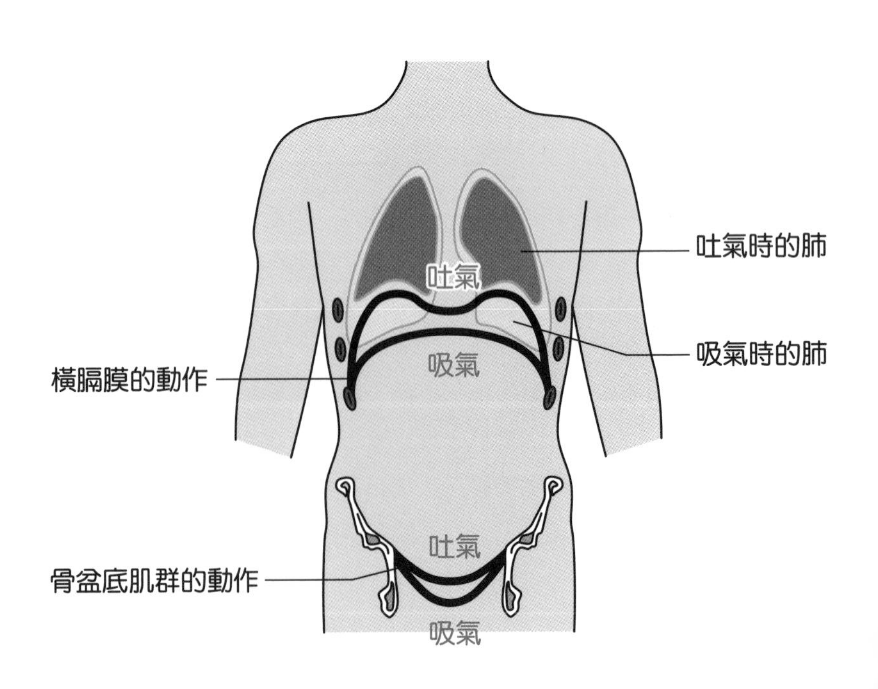

第6章

背部的骨骼與肌肉

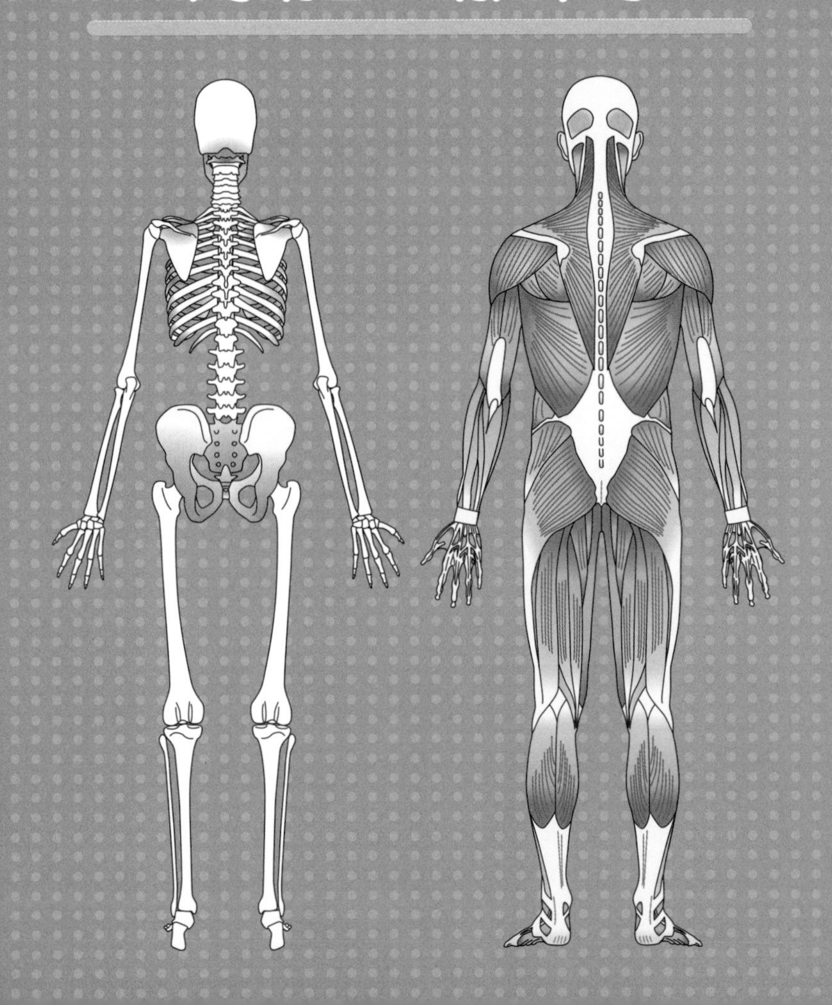

背部的骨骼

以肩胛骨和腰椎等為主要核心

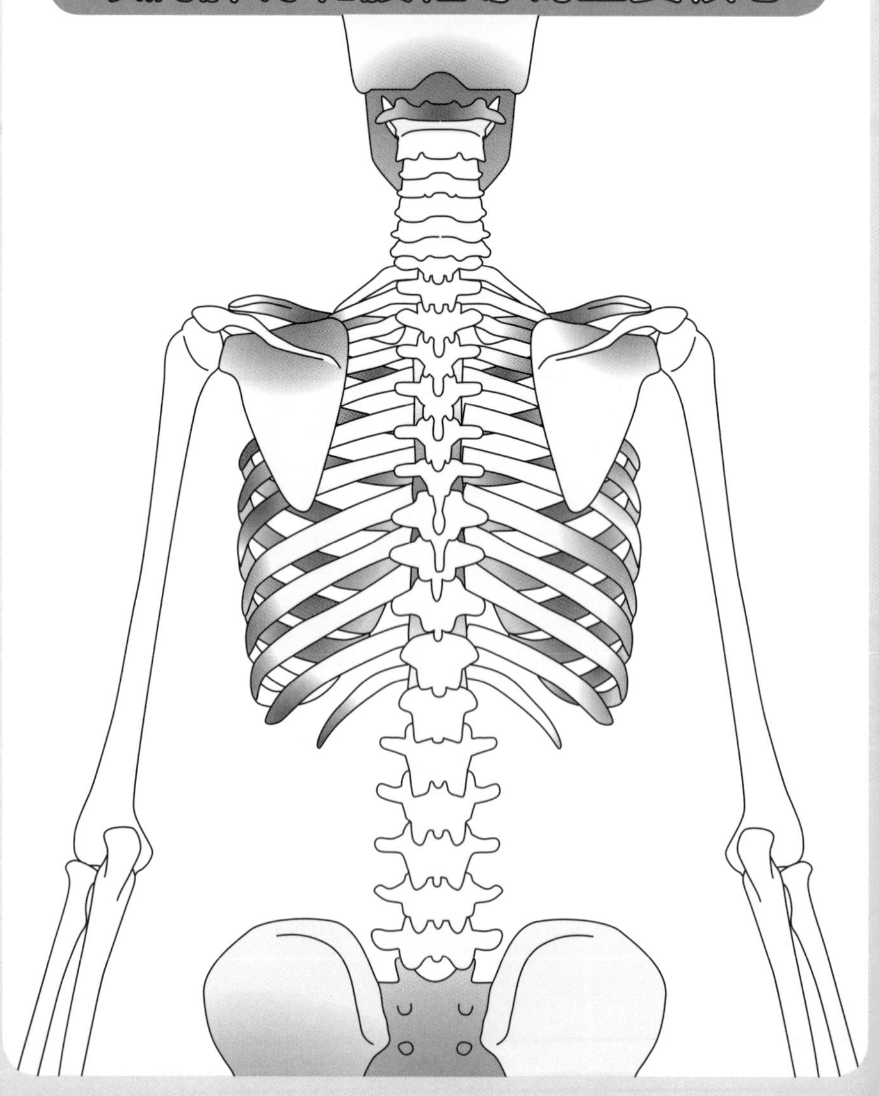

肩胛骨容易偏移
導致肩膀活動受限

肩膀的盂肱關節
讓手臂可以朝各方向活動

從身體背面看向肩膀，首先映入眼簾的是左右各一的特大三角形，這一對骨頭即是「肩胛骨」。

肩關節一共由五個關節所組成，其中，發揮核心作用的是「盂肱關節」，因為它是連接肩胛骨關節盂和肱骨頭的球窩關節，所以可以向上下、左右、前後的任何方向移動手臂。 但另一方面，因為連結較為鬆散，具有容易脫臼的特點。

此外，肩胛骨透過肩峰鎖骨關節與身體前方的鎖骨相連。由於肩胛骨不直接與胸廓相連，所以會受到周圍肌肉僵硬等原因的影響而容易偏移。如果肩胛骨走位，影響也會波及到肱骨和鎖骨，甚至有可能造成肩部的可動範圍變小。

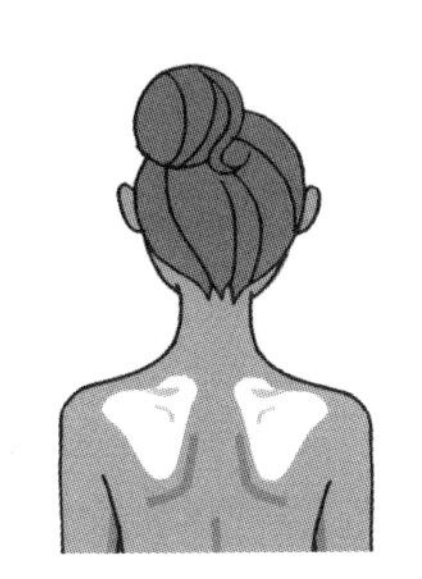

脊椎骨中最大的腰椎
是連接胸椎和薦骨的要角

垂直貫穿的脊柱（脊椎）是由頸椎（7個）、胸椎（12個）、腰椎（5個）、薦骨（1個）、尾骨（1個）所構成的人體中軸線，從側面看是相互連結的S形曲線。

「腰是身體的基石」，腰椎必須承受很大的負擔。腰椎的5個椎骨是26個椎骨中最大的，且形狀幾乎相同。每個椎骨由小面關節所連接。最下面的第五腰椎透過腰骶關節與薦骨相連。內部的椎間盤會因老化等因素而變形，引發腰椎間盤突出或是腰椎滑脫等症狀。

背部的骨骼肌

面積大，可支撐脊椎、穩定軀幹

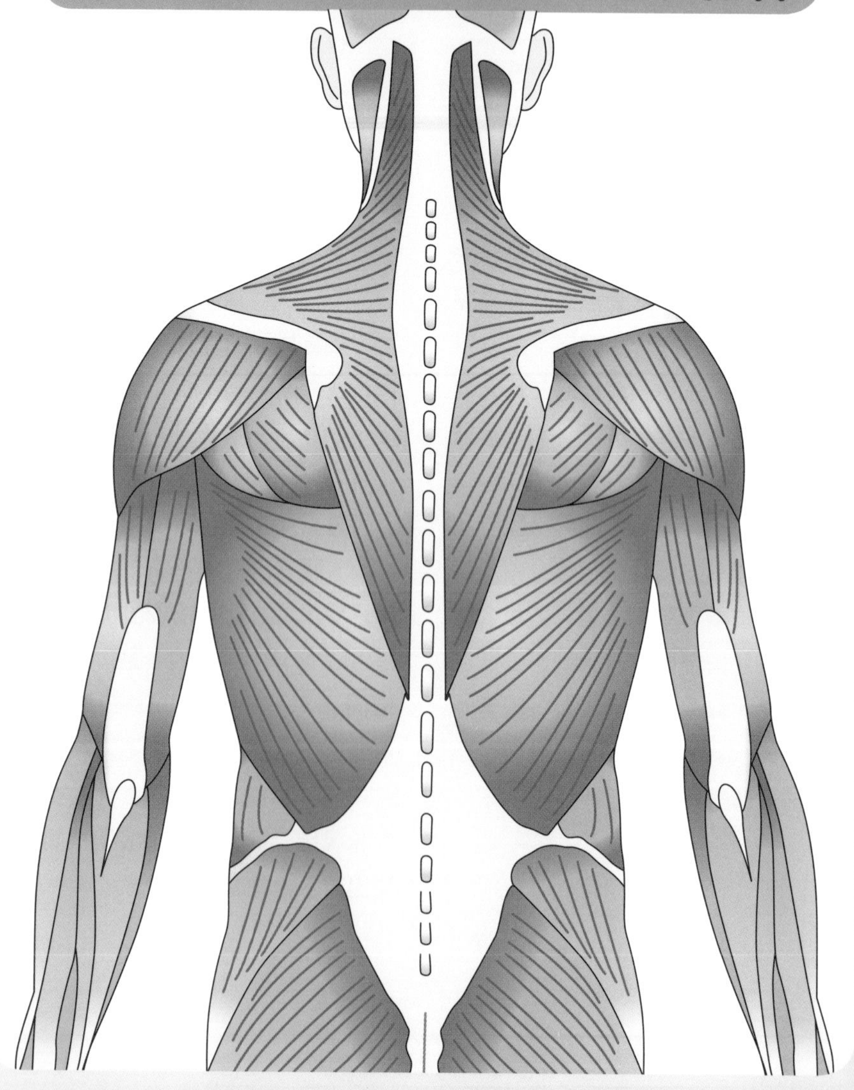

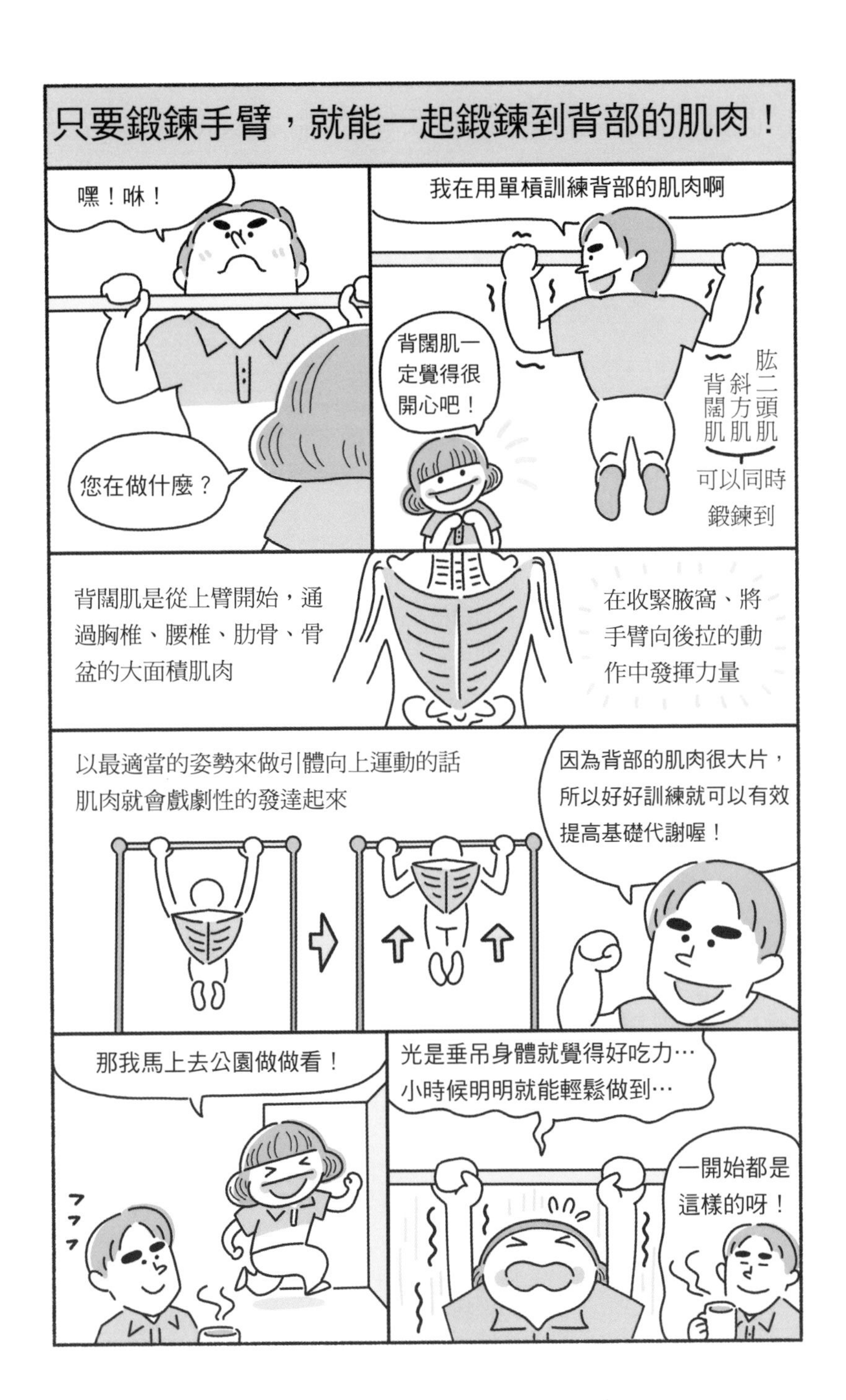
只要鍛鍊手臂，就能一起鍛鍊到背部的肌肉！
嘿！咻！
您在做什麼？
我在用單槓訓練背部的肌肉啊
背闊肌一定覺得很開心吧！
肱二頭肌
斜方肌
背闊肌
可以同時鍛鍊到
背闊肌是從上臂開始，通過胸椎、腰椎、肋骨、骨盆的大面積肌肉
在收緊腋窩、將手臂向後拉的動作中發揮力量
以最適當的姿勢來做引體向上運動的話
肌肉就會戲劇性的發達起來
因為背部的肌肉很大片，所以好好訓練就可以有效提高基礎代謝喔！
那我馬上去公園做做看！
光是垂吊身體就覺得好吃力…
小時候明明就能輕鬆做到…
一開始都是這樣的呀！

Trapezius muscle

斜方肌

它是三角形的扁平肌肉，分為上段、中段、下段纖維，每種都有不同的功能，中段纖維特別寬且有力！斜方肌除了支撐整個上肢，也是導致肩膀僵硬的著名肌肉！

支配神經

頸神經叢前支（C2-C4）、副神經外支

作用

全體：使肩胛骨向上旋轉、內收

上段：上提肩胛骨、抬高和收回單側鎖骨、伸展頭頸部

中段：使肩胛骨內收，並協助向上旋轉

下段：下壓肩胛骨、使肩胛骨內收、向上旋轉

起點

上段：枕外隆突、枕骨上項線內側1/3、項韌帶

中段：第七頸椎至第三胸椎的棘突、棘上韌帶

下段：第四至第十二胸椎的棘突、棘上韌帶

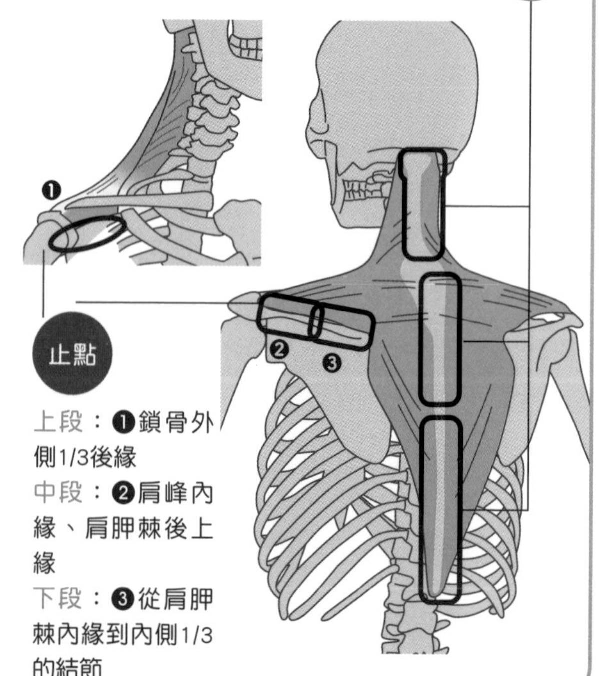

止點

上段：❶鎖骨外側1/3後緣

中段：❷肩峰內緣、肩胛棘後上緣

下段：❸從肩胛棘內緣到內側1/3的結節

Levator scapulae muscle

提肩胛肌

如同字面意思，它是「抬高」肩胛骨的肌肉。也是以導致落枕而聞名的肌肉。位於頸部後方側面的深層處，被胸鎖乳突肌和斜方肌所覆蓋。

支配神經

肩胛背神經
（C2-C5）

作用

上提肩胛骨、
伸展頸椎（輔助的作用）

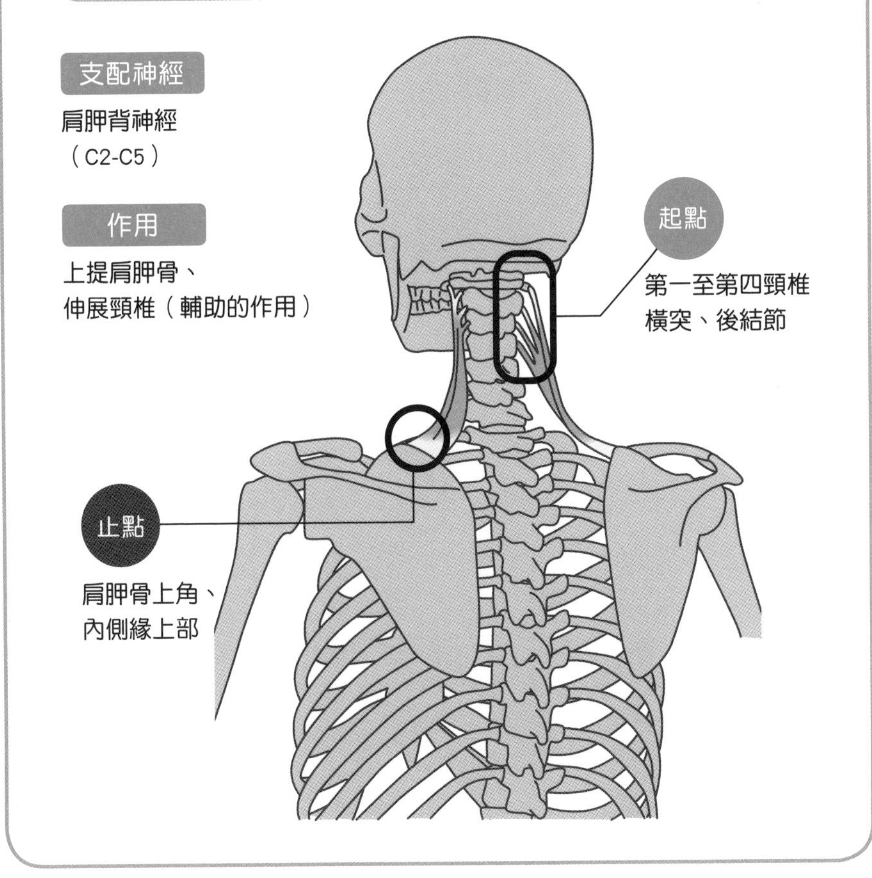

Latissimus dorsi muscle

背闊肌

在人體中面積最大的肌肉。在多項體育運動中都需要它發揮力量，有使上臂往背部拉動的作用。好好鍛鍊的話，可以打造出「倒三角形」身材。

支配神經

胸背神經（C6-C8）

作用

肩關節伸展、內收、內旋，使肩胛帶（肩胛骨和鎖骨）下降，手臂固定時將骨盆抬高並向前傾斜

止點 肱骨結節間溝的底部

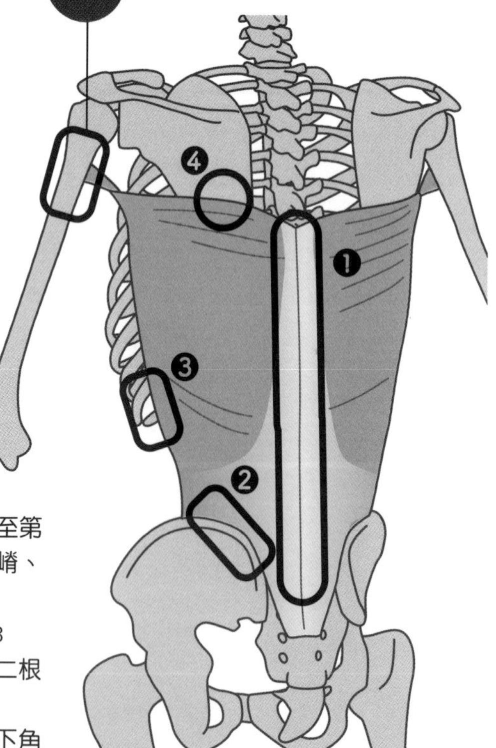

起點

椎骨部分：❶第七胸椎至第五腰椎的棘突、骶正中嵴、棘上韌帶

髂骨部分：❷髂嵴後1/3

肋骨部分：❸第十至十二根肋骨

肩胛骨部分：❹肩胛骨下角

Rhomboid major muscle

大菱形肌

大菱形肌與小菱形肌具有相同的形狀和功能，但位置較偏下方，被斜方肌覆蓋在深處。不容易觸摸到，因此掌握位於胸椎的起始點是關鍵！在做打開抽屜之類的動作時會發揮作用。

支配神經

肩胛背神經（C4-C5）

作用

使肩胛骨內收、向下旋轉

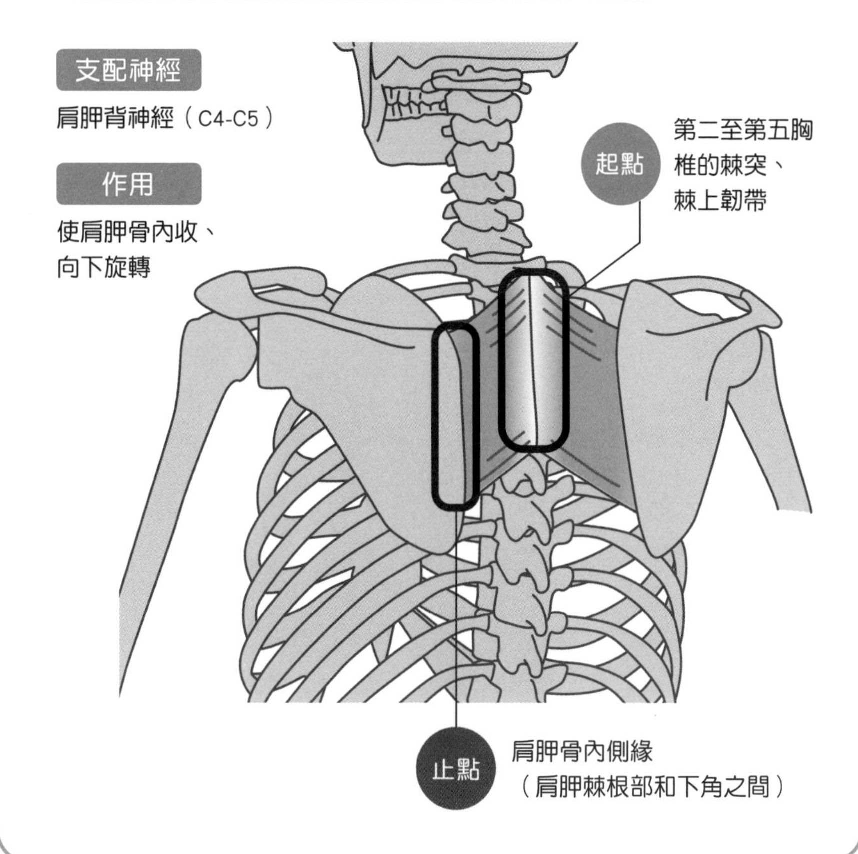

Rhomboid minor muscle

小菱形肌

和大菱形肌的形狀與作用都很相似，但位置偏上方，一樣被斜方肌覆蓋在下層。觸摸時判斷的關鍵在於起始點的頸椎！請和大菱形肌成套一起記憶吧！

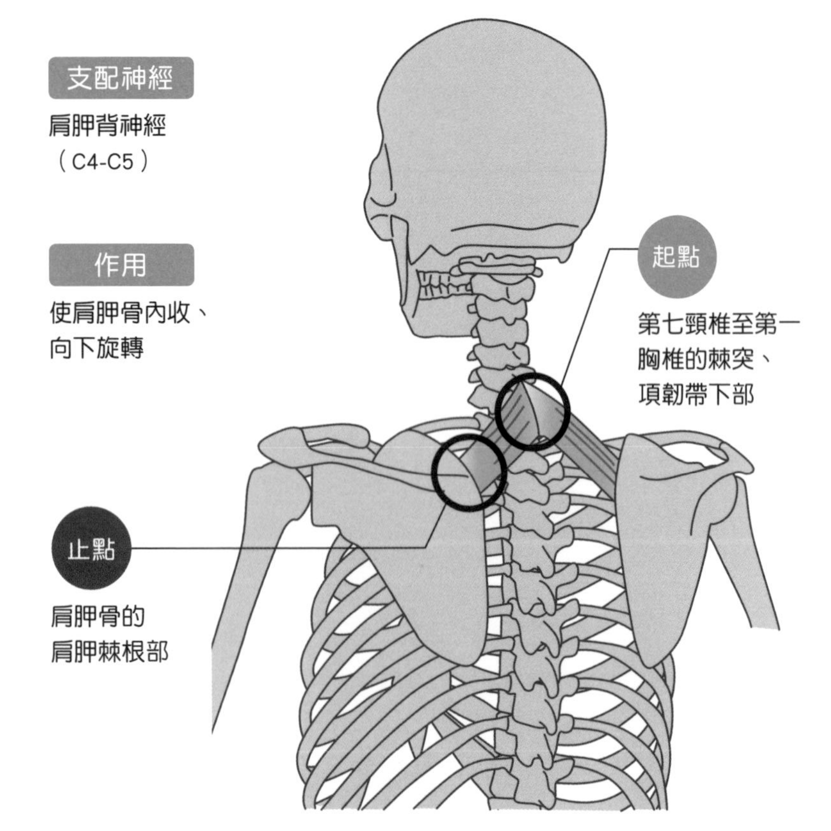

支配神經

肩胛背神經
（C4-C5）

作用

使肩胛骨內收、
向下旋轉

起點

第七頸椎至第一
胸椎的棘突、
項韌帶下部

止點

肩胛骨的
肩胛棘根部

Erector spinae muscle

豎脊肌

豎脊肌是「頸髂肋肌、胸髂肋肌、腰髂肋肌、頭最長肌、頸最長肌、胸最長肌、頸棘肌、胸棘肌」這八塊肌肉的總稱，從頭部延伸到骨盆。主要參與彎曲軀幹的動作。

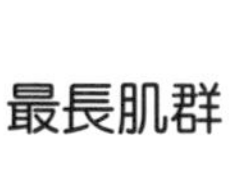

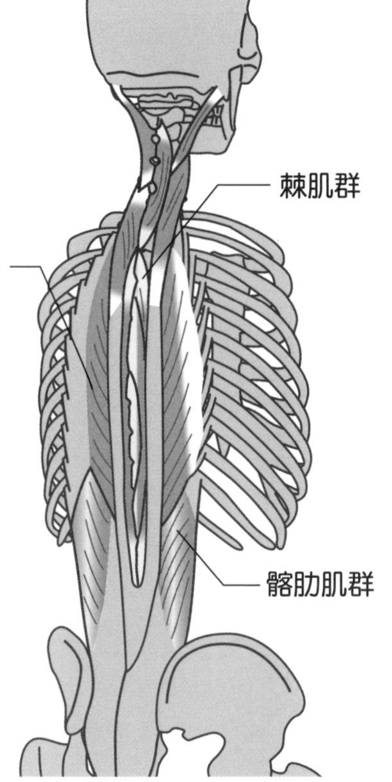

豎脊肌位於脊柱周圍，它是背部最大的肌肉群。而其中位於最外側的是髂肋肌群，其次是最長肌群，再往裡面則是棘肌群，一共可分為三層。豎脊肌在日常生活和各種體育活動中，能起到穩定軀幹的作用。

Longissimus capitis muscle

頭最長肌

它是三種最長肌中位於最上方的肌肉。能夠支撐頭部，並發揮使上半身保持正確姿勢的效果。作用於日常生活或體育活動等各種場合。

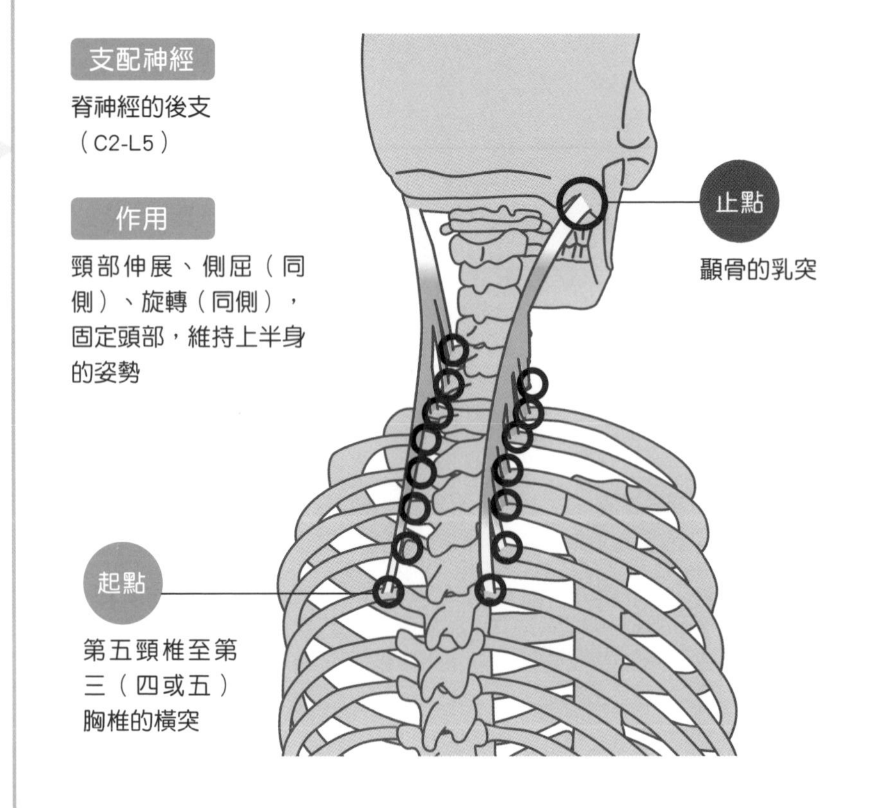

支配神經

脊神經的後支（C2-L5）

作用

頭部伸展、側屈（同側）、旋轉（同側），固定頭部，維持上半身的姿勢

Longissimus cervicis muscle

頸最長肌

位於最長肌群的上部，參與上背部和頸部的後仰動作。除了和頭最長肌一樣有穩定上半身的作用外，還有使脊柱維持正常曲度的功能。

支配神經

脊神經的後支（C2-L5）

作用

胸椎與頸椎伸展、頸椎側屈（同側），固定頭部，維持上半身的姿勢

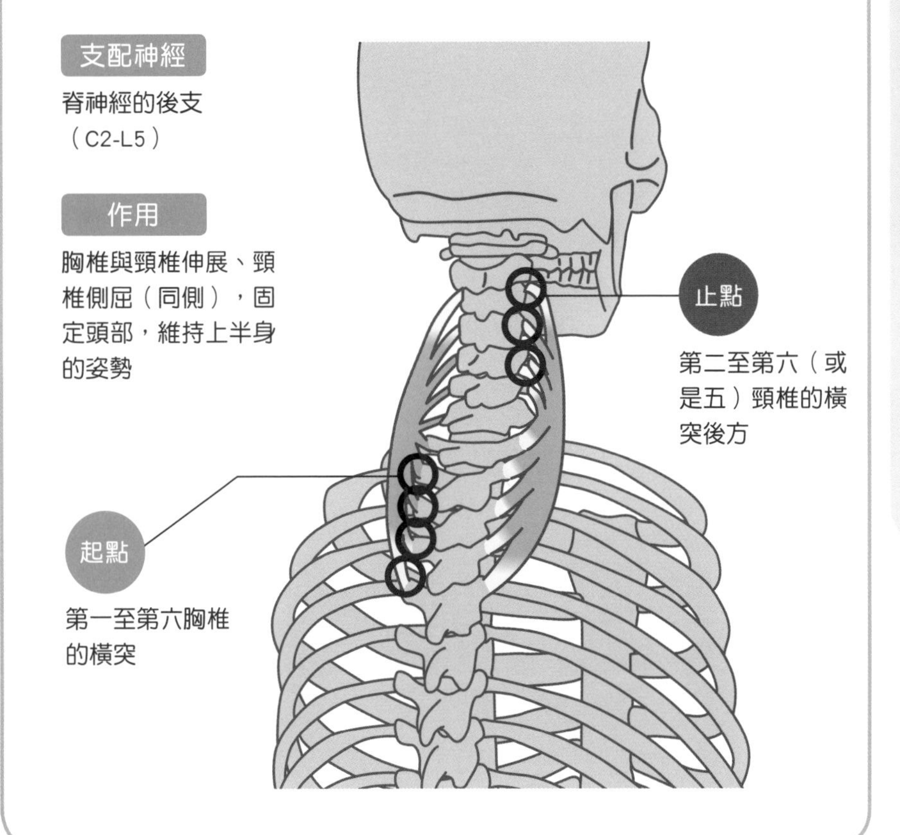

Longissimus thoracis muscle

胸最長肌

位於最長肌群的下部、豎脊肌的中央，是豎脊肌中最大的肌肉。主要的作用是向後彎曲胸椎和腰椎，跑步時也是由它支撐著胸椎。

支配神經

脊神經的後支（C2或C1-L5）

作用

胸椎與腰椎伸展、側屈（同側）

止點

內側：腰椎的副突、胸椎的橫突

外側：腰椎的肋突、肋骨、胸腰筋膜的前層

起點

薦骨、腰椎的棘突、下位腰椎的橫突

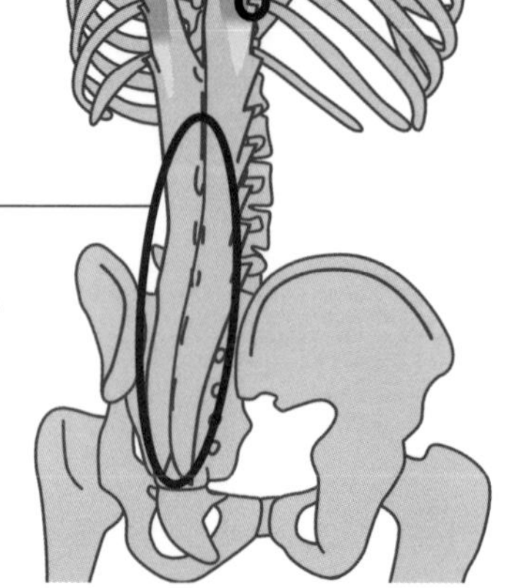

Iliocostalis cervicis muscle

頸髂肋肌

位於髂肋肌群的最頂部。主要參與後彎上背部和頸部，或是橫向彎曲脖子做出歪頭的動作，在日常生活或體育活動中有穩定上半身的作用。

支配神經

脊神經的後支（C4-L3）

作用

頸椎伸展、側屈（同側）

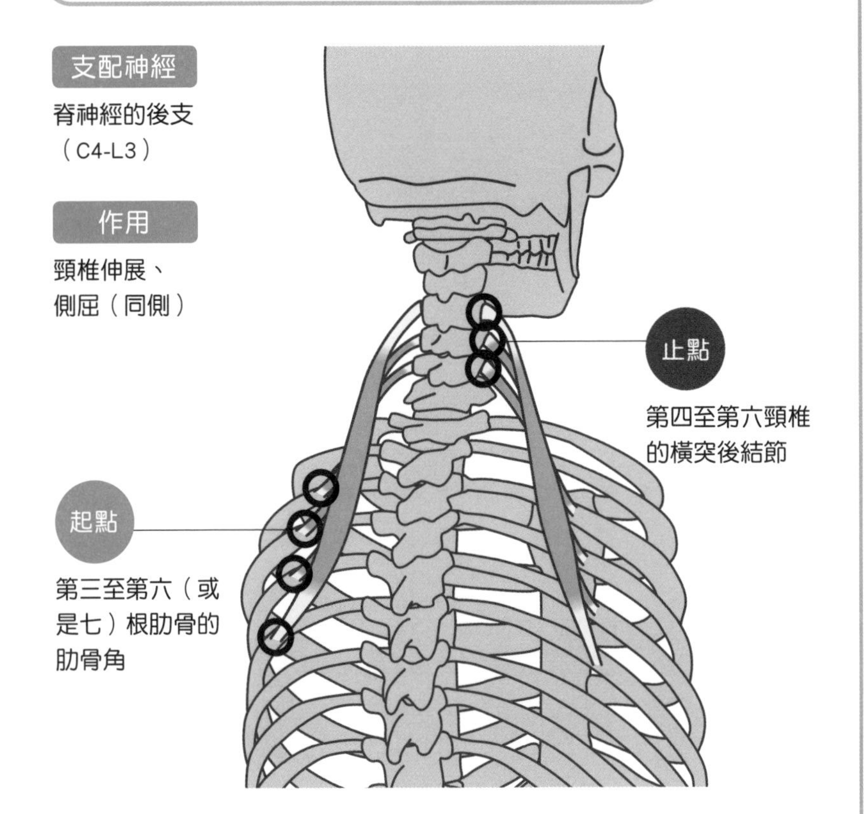

Iliocostalis thoracis muscle

胸髂肋肌

位於髂肋肌群的中間。主要涉及後彎上背部或使軀幹向側面彎曲的動作。跑步時能固定胸椎和頸椎，有支撐上半身的功能。

支配神經

脊神經後支（C4-L3）

作用

胸椎伸展、側屈（同側）

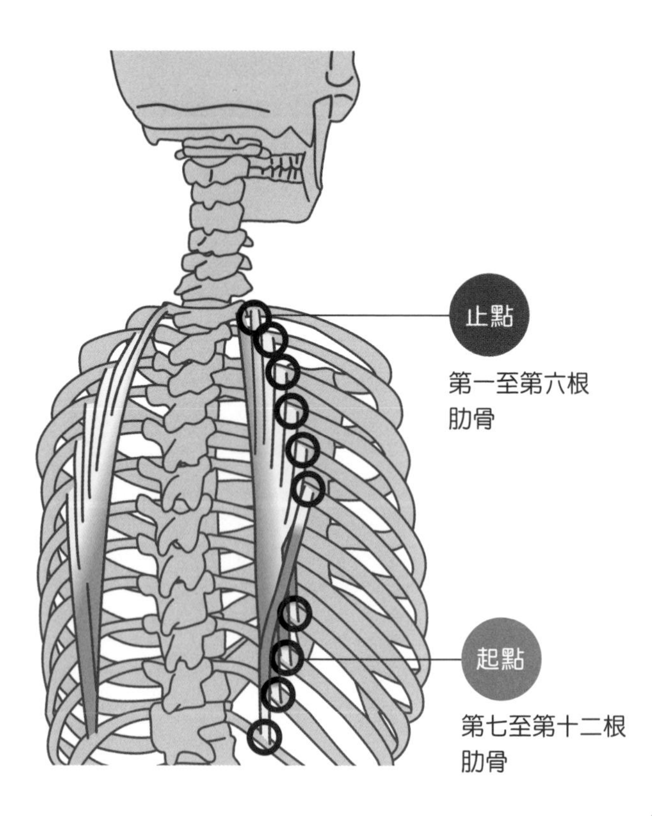

Iliocostalis lumborum muscle

腰髂肋肌

位於髂肋肌群的最下方。主要參與後彎下背部的動作。除了有穩定上半身的作用之外，同時也和頸最長肌一樣具有使脊柱維持正常曲度的功能。

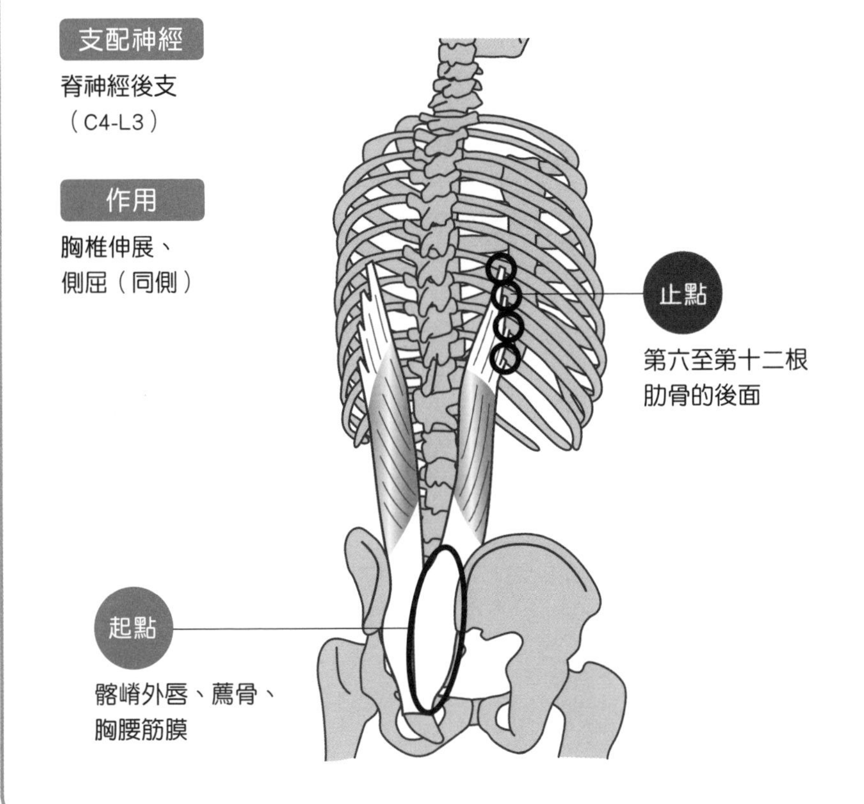

Spinalis cervicis muscle

頸棘肌

豎脊肌中位於最內側的肌肉，屬於棘肌群之一。主要參與使頸部向後彎曲的動作，運動時能支撐頭部並使頸部保持穩定。

支配神經

脊神經後支（C2-T10）

作用

頸椎伸展、側屈（同側）

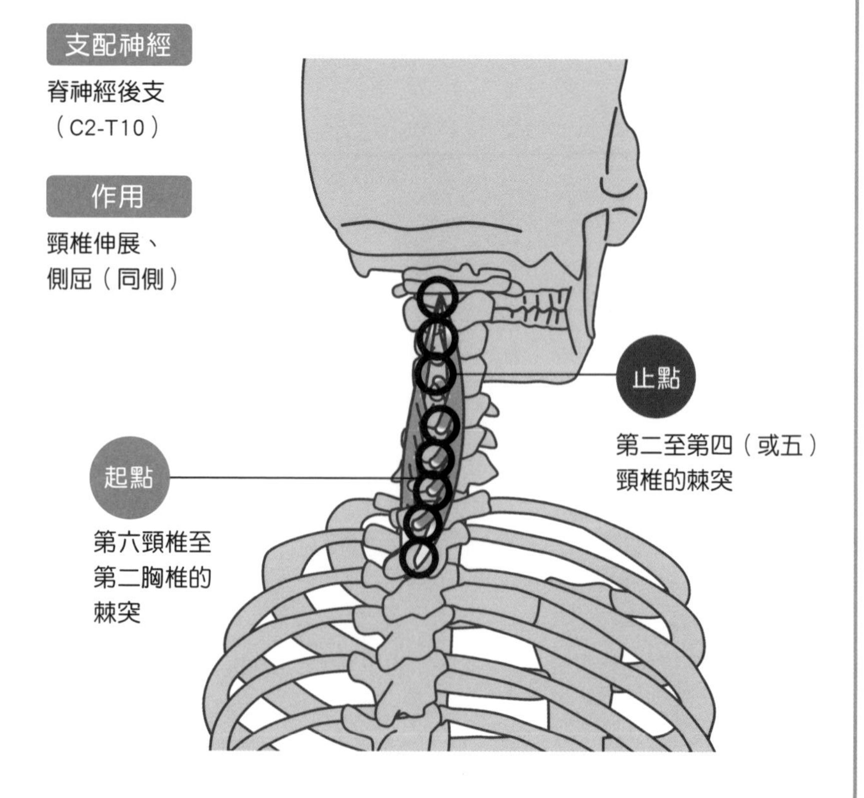

Spinalis thoracis muscle

胸棘肌

和頸棘肌一樣也是豎脊肌中位於最內側的肌肉。主要參與背部後彎的動作。與頸最長肌、腰髂肋肌一起協力使脊柱維持正常曲度。

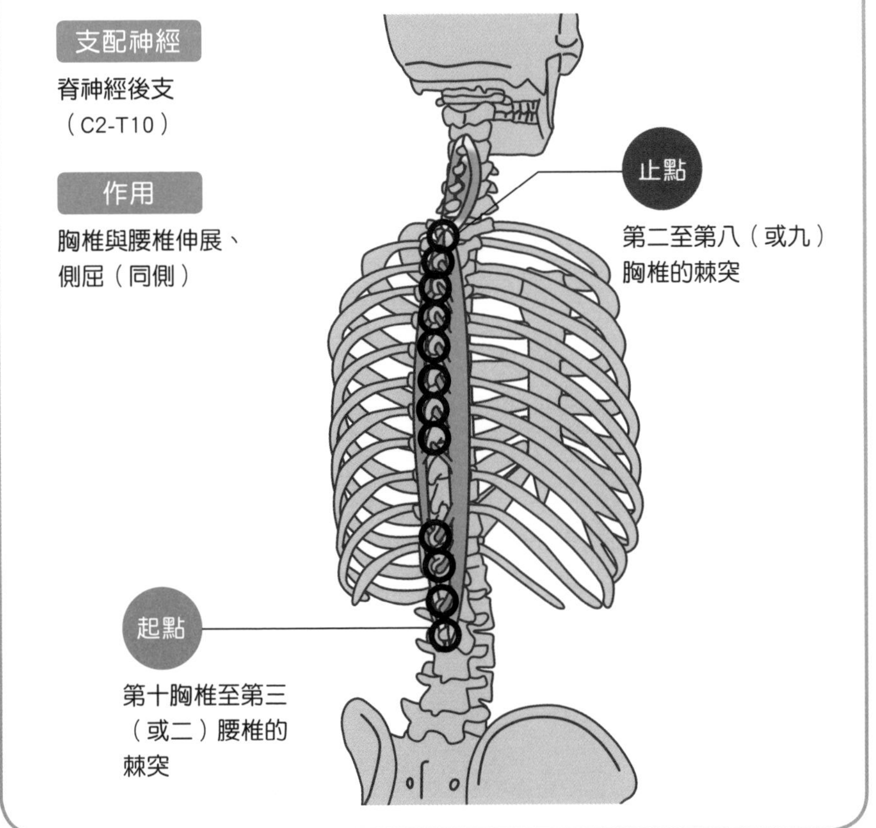

Rotator muscle

旋轉肌

由短旋轉肌和長旋轉肌構成，位於脊柱周圍最深層。主要作用是參與軀幹的旋轉動作，還可以穩定脊柱使身體保持正確的姿勢。

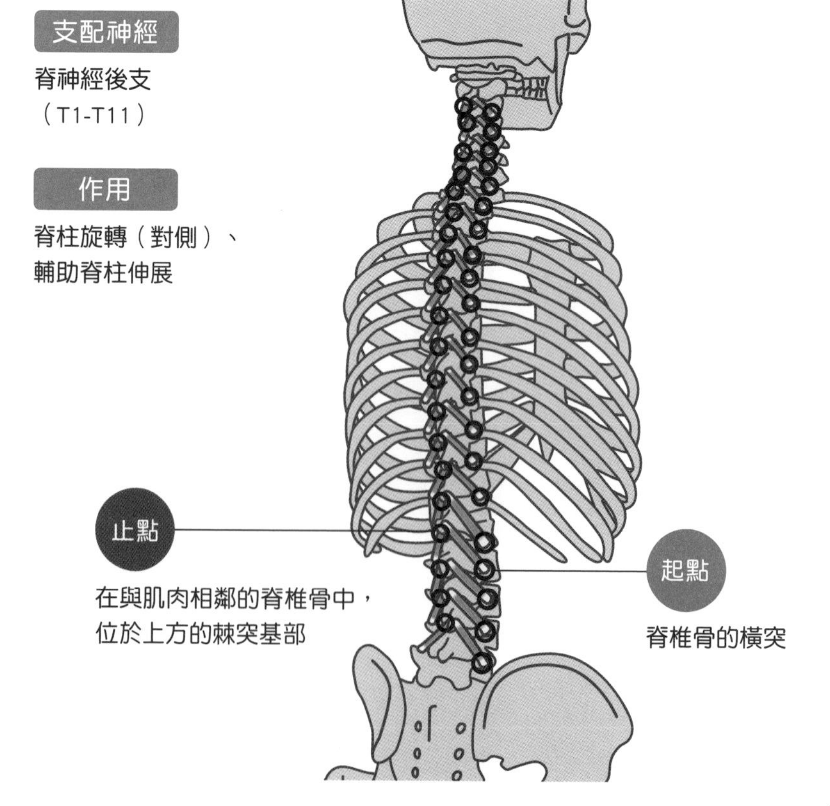

支配神經

脊神經後支
（T1-T11）

作用

脊柱旋轉（對側）、
輔助脊柱伸展

Multifidus muscle

多裂肌

豎脊肌的深層肌肉，位於旋轉肌的淺面，就像是以細微的肌肉包覆住旋轉肌。透過拉攏脊柱來使之穩定、支撐上半身。對保持良好姿勢有很大的幫助。屬於橫突棘肌群之一。

支配神經

脊神經的後支
（C3-C4）

作用

維持椎間關節的穩定，
脊椎伸展、旋轉（對側）、
側屈（同側）

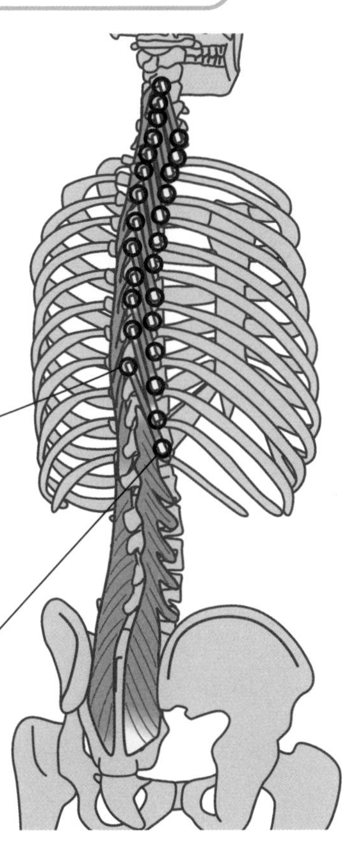

止點

位於每個起點上方的二到四個椎骨的棘突

起點

最長肌淺層的肌腱、後薦孔和髂後上棘之間的薦骨後部、腰椎乳突、所有的胸椎橫突、第四至第七頸椎的關節突

Semispinalis cervicis muscle

頸半棘肌

脊柱側面的深層肌肉，位於半棘肌群的中間，走行的範圍從胸椎的橫突延伸到頸椎的棘突。和多裂肌相同，具有拉攏各脊椎骨、使其維持穩定的作用。要注意不要與頭半棘肌混淆喔！

支配神經

脊神經的後支
（C1-T6 或 T7）

作用

胸椎和頸椎伸展、側屈（同側）、旋轉（對側）

止點

第二至第五頸椎的棘突

起點

第一至第六胸椎的橫突

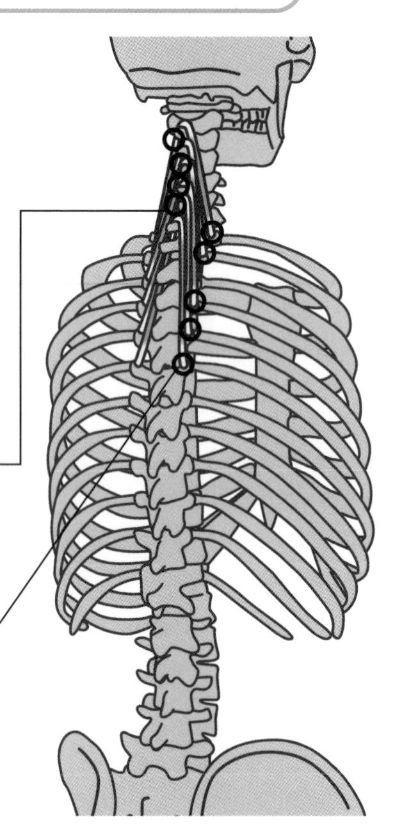

Semispinalis thoracis muscle

胸半棘肌

行經多裂肌上層的半棘肌群中最長的肌肉就是胸半棘肌。和頸半棘肌相同，對維持脊椎的穩定有所助益。運動時可透過固定頭部來支撐上半身。

支配神經

脊神經的後支
（C1-T6 或 T7）

作用

維持脊椎穩定，使脊椎伸展、旋轉（對側）、側屈（同側）

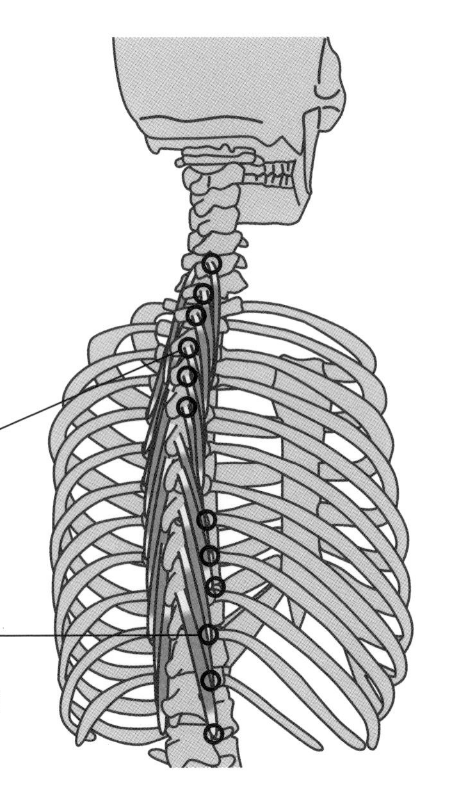

止點

第六頸椎至第三胸椎的棘突

起點

第七頸椎至第十一胸椎的橫突

背部保健與治療重點

背闊肌和豎脊肌得交互使用不同力道、動作的手法來按摩

以「兩點辨別感覺」測量法衡量施予何種按摩手法

關於背部，我有很多話想告訴大家，但在這裡先讓我們來談談神經吧。首先，在進行背部治療時，按摩手法應使用細微的動作好，還是大的動作好？究竟哪個才是正確的呢？有個稱作「兩點辨別感覺」（two-point discrimination）的測量方法，可以作為我們選擇哪一種手法的參考依據。

這個方法是在人體皮膚上施予兩個刺激點（例如用牙籤輕戳），測量能夠感覺到是兩個痛點而不是一個痛點時的兩點距離。舉實際的例子來說，如果是「指尖或舌頭前

以游標尺來進行「兩點辨別感覺」的測量

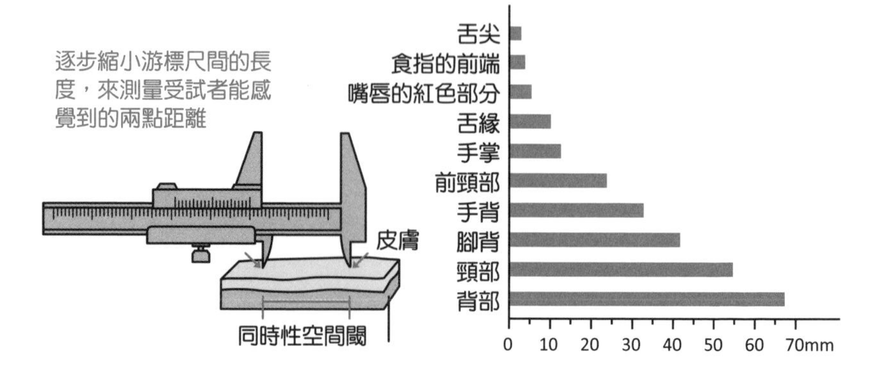

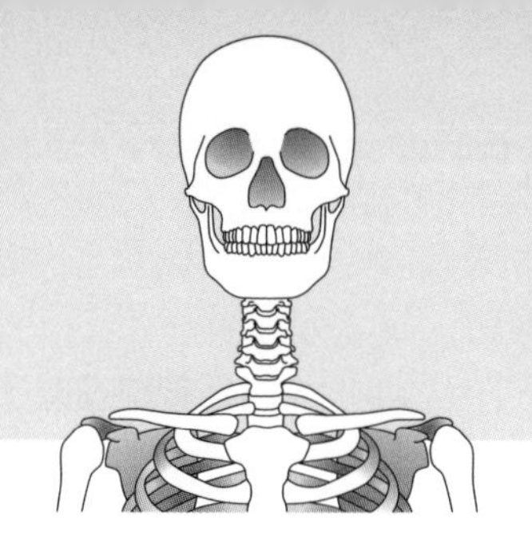

端」的話，可以辨別到1釐米的差異，與此相對，「背部」則是近到7公分以內時只能感覺到一個痛點（這個是透過實驗就可以明白的結果，請務必嘗試看看！）。

也就是說，施術者在背部施加的細微按摩手法，無法全部傳達到患者身上（治療師的兩點辨別感覺較細微，再加上施術時是使用指尖與手心部分，所以感覺更明顯）。以這個觀點來看的話，進行背部治療時，以稍微誇張的大動作來施術會比較恰當。

然而，觀察用來表示皮膚感覺範圍的「神經皮節圖」，我們可以發現背部神經的支配範圍比四肢更為精細。也就是說，想對個別的神經施力時，即使患者沒有深刻感覺到施術者的力道，細微的手法依然可以產生效果。

從這兩個看似互相矛盾的說法來考量，我們可以明白，偏向某一方面並不恰當，比較好的方式應該是運用結合了大小動作的手法。

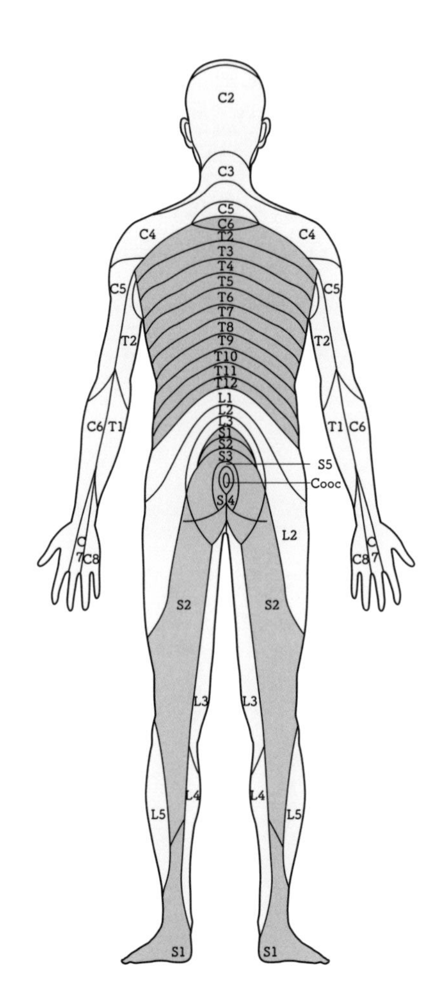

皮膚的感覺神經分布圖

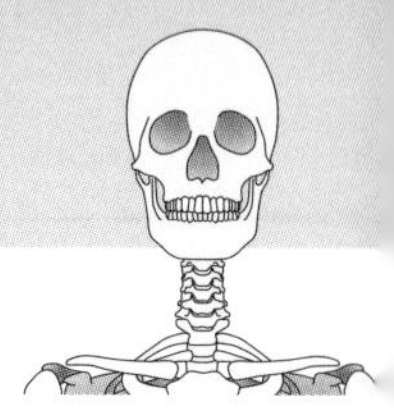

因為背部裡除了有「背闊肌」和「斜方肌」等大範圍的肌肉，還有「豎脊肌」等各種細小的肌肉。單用某一種按摩手法，就無法做到全面的護理。從刺激肌肉的觀點來看也是如此，不論是範圍廣闊的肌肉或細小的肌肉，對各個肌肉都均衡的施加刺激才是重點。

無論如何，身為治療師不應該從一開始就被固有的觀念所束縛，而決定只採用某個治療方法，而應該以患者的症狀為考量，評估自己想怎麼對肌肉進行刺激，有意識的調整成最適合的手法。

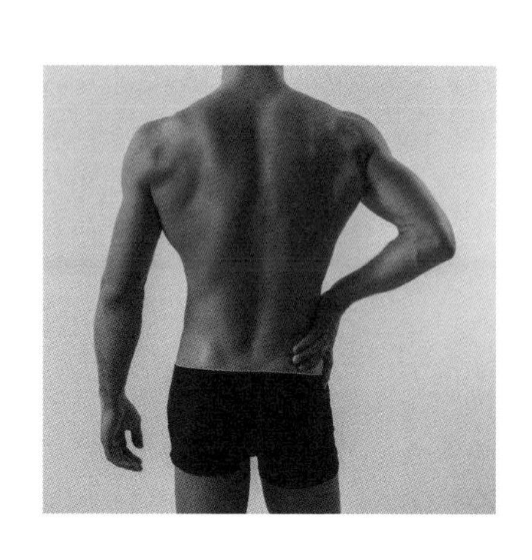

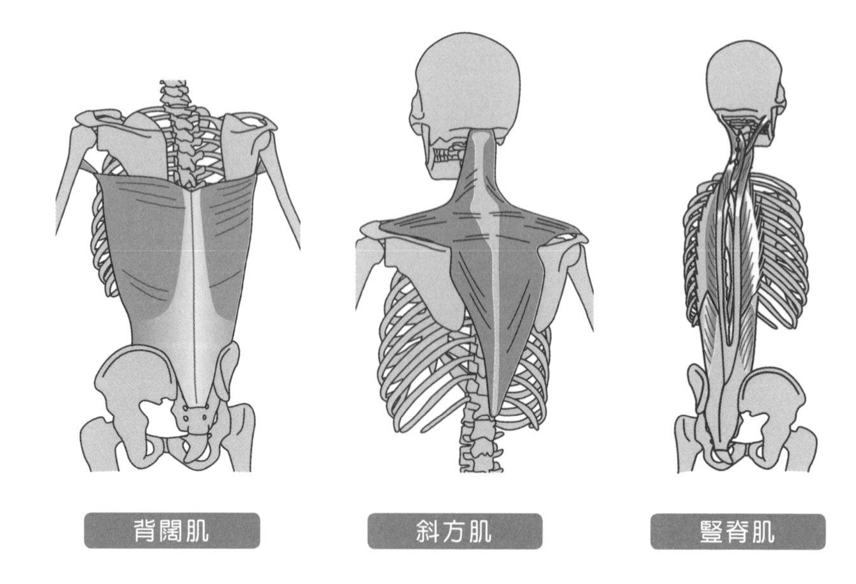

第7章

下肢的骨骼與肌肉（一）

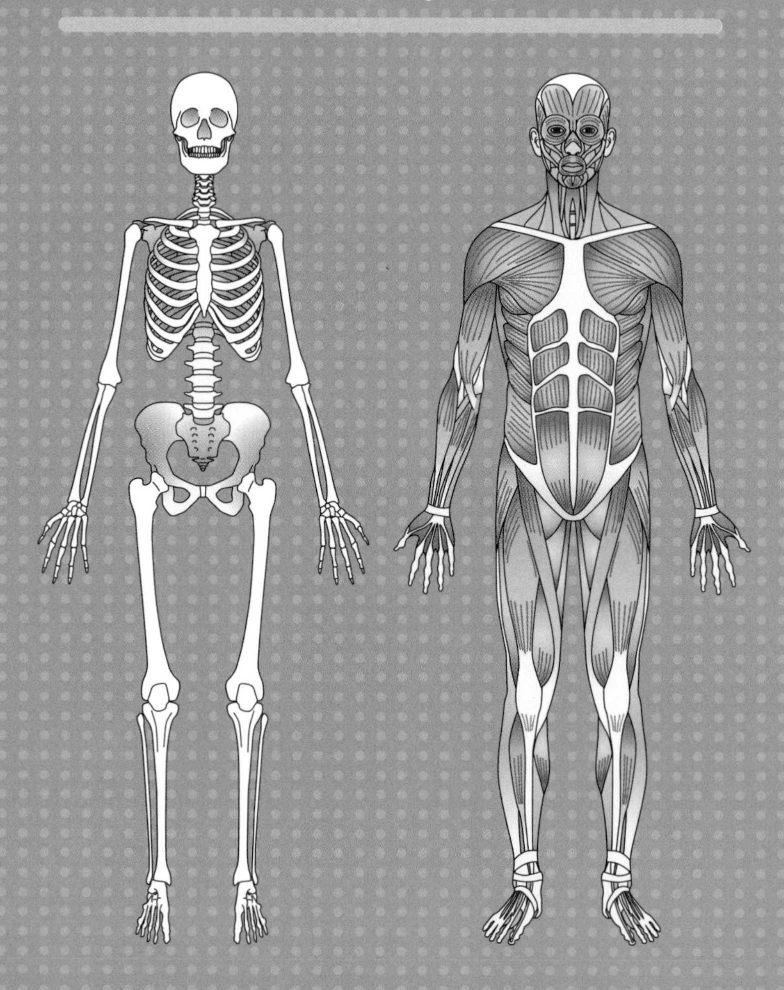

下肢的骨骼

大腿骨是人體中最長的骨頭

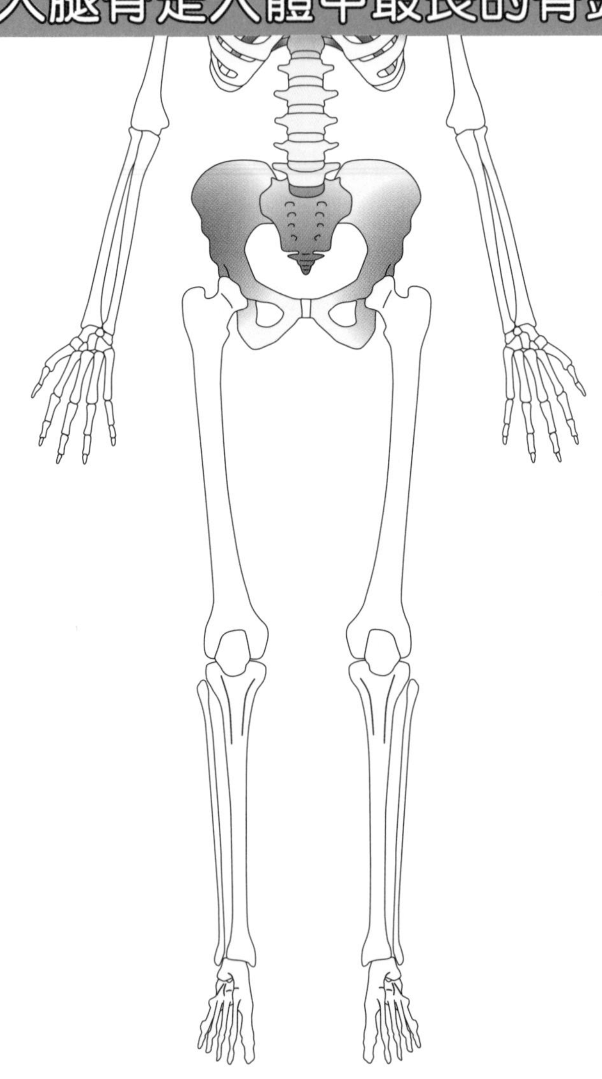

下肢的骨骼支撐全身體重 關節影響人體活動的靈活度

人體下半身聚集了 運動時必要的骨骼和關節

下肢全部由8種31個骨頭，左右合計31對共62個骨頭所構成。大致來說，下肢骨骼可分為連接軀幹和兩腳的「下肢帶骨」（骨盆的髖骨），和股骨（俗稱大腿骨）以下的「自由下肢骨」。自由下肢骨從上往下依序為：連接左右邊的股骨、髕骨（膝蓋骨）、脛骨、腓骨、跗骨（7個）、蹠骨（5個）、趾骨（14個）。

下肢有一個很大的特點，那就是具備髖關節、膝關節、踝關節等重要關節，這些關節在我們站立、行走或跑步等運動時，發揮強而有力的作用。

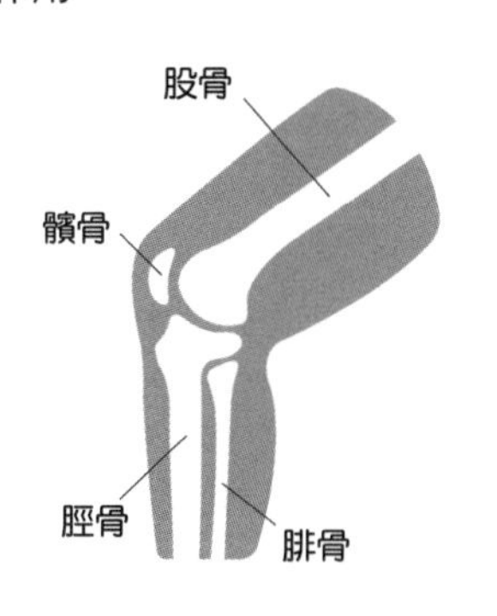

位於大腿裡的股骨，上端和髖關節連接，下端則和脛骨還有膝關節連接，是一個又粗又強壯的骨頭，也是人體中最長最重的骨頭。

所謂「膝關節的蓋子」就是指髕骨，它是人體中最大的種子骨。整個背面都有軟骨，能協助膝關節靈活順暢的活動。

腳背、腳底和腳趾的骨頭 使我們踩穩地面

小腿是由位於內側的「脛骨」和位於外側的「腓骨」所構成。在人體中，脛骨是僅次於股骨的第二長骨，因為在小腿中具有支撐體重的作用，所以它比腓骨更粗更強壯。長骨之中最細的腓骨不直接與股骨相連，而是由韌帶所連接。

構成腳背和腳底的7塊短骨合稱為跗骨，其中的內側楔狀骨和舟狀骨形成一拱形凹洞就是足弓。跗骨在附蹠關節處與5塊蹠骨相連，在那前面的趾骨則由14塊短骨構成。

下肢的骨骼肌

全身約有七成的肌肉是下肢肌肉

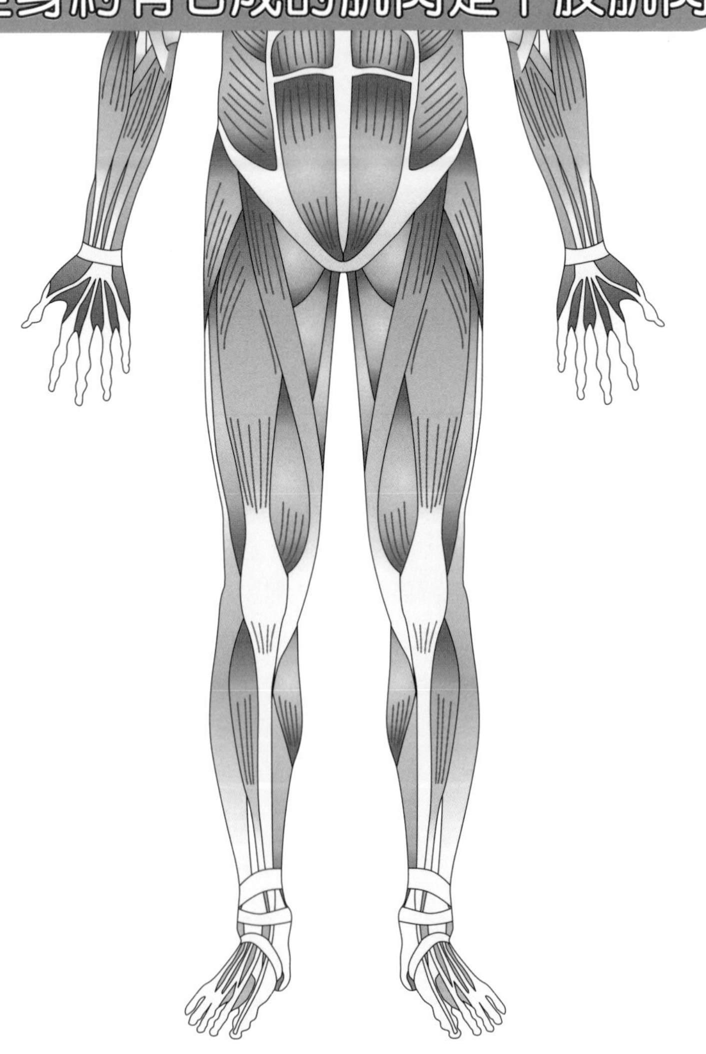

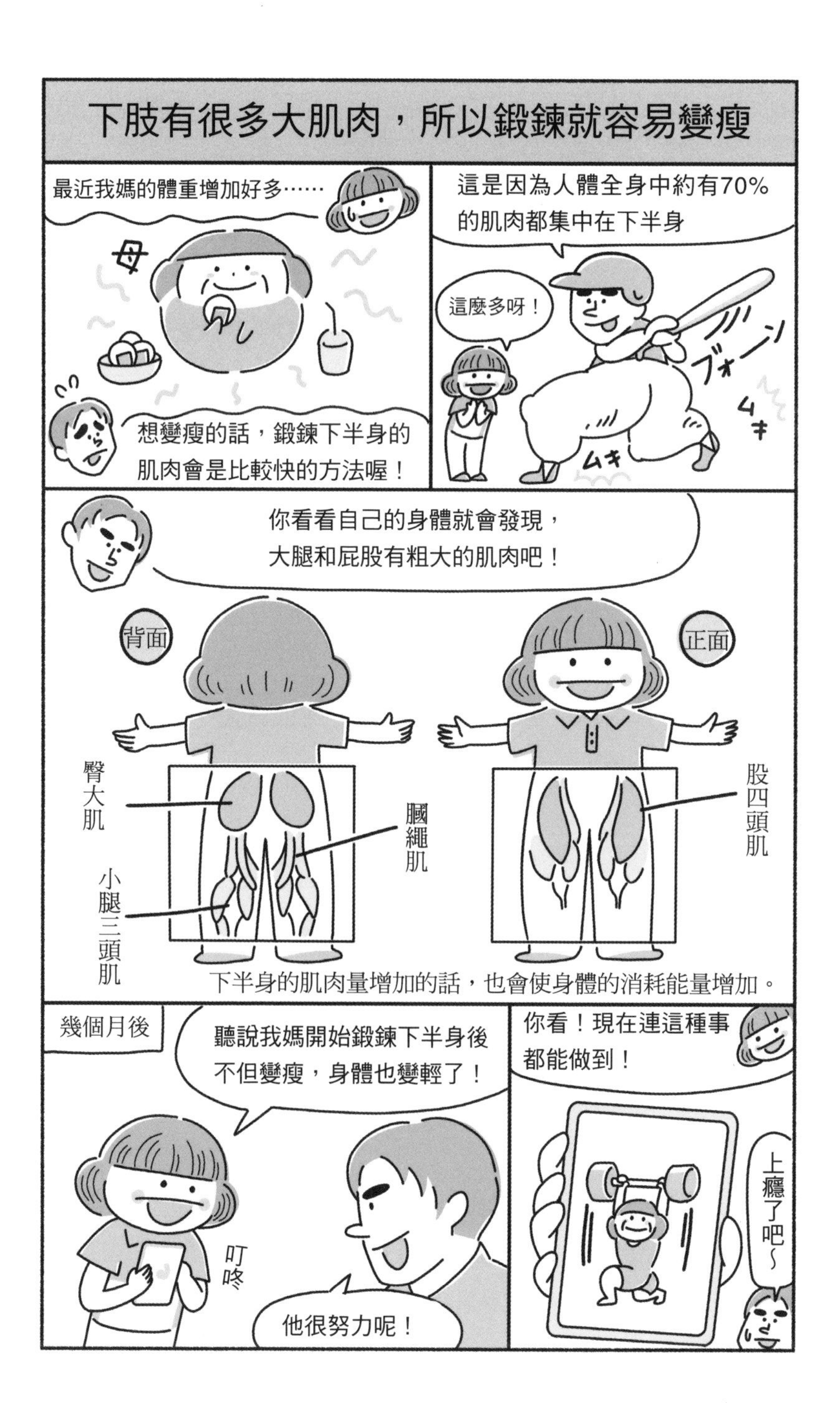

第7章 下肢的骨骼與肌肉（一）

Iliopsoas muscle

髂腰肌

髂腰肌是「髂肌、腰大肌、腰小肌」三塊位於軀幹深層處的肌肉總稱。主要參與腿部的前擺動作（髖關節屈曲），當我們步行、跑步、仰臥起坐時都會使用到。

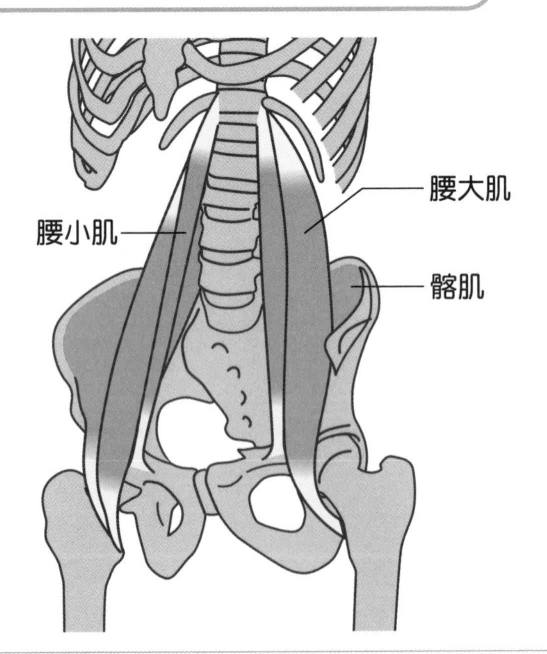

髂肌起於骨盆，腰大肌和腰小肌起於脊柱，並止於大腿根部。雖說髂腰肌是由三塊肌肉所組成的，但據說僅有半數左右的人體內存在著腰小肌，所以發揮作用的主要是髂肌和腰大肌。

Psoas major muscle

腰大肌

髖屈肌中最強而有力的肌肉。當我們朝大腿彎曲軀幹（屈曲髖關節）時它便會起作用。對於維持姿勢或行走、跑步等方面極為重要。

支配神經

腰神經叢（L1-C4）

作用

髖關節屈曲、外旋，腰椎屈曲、側屈

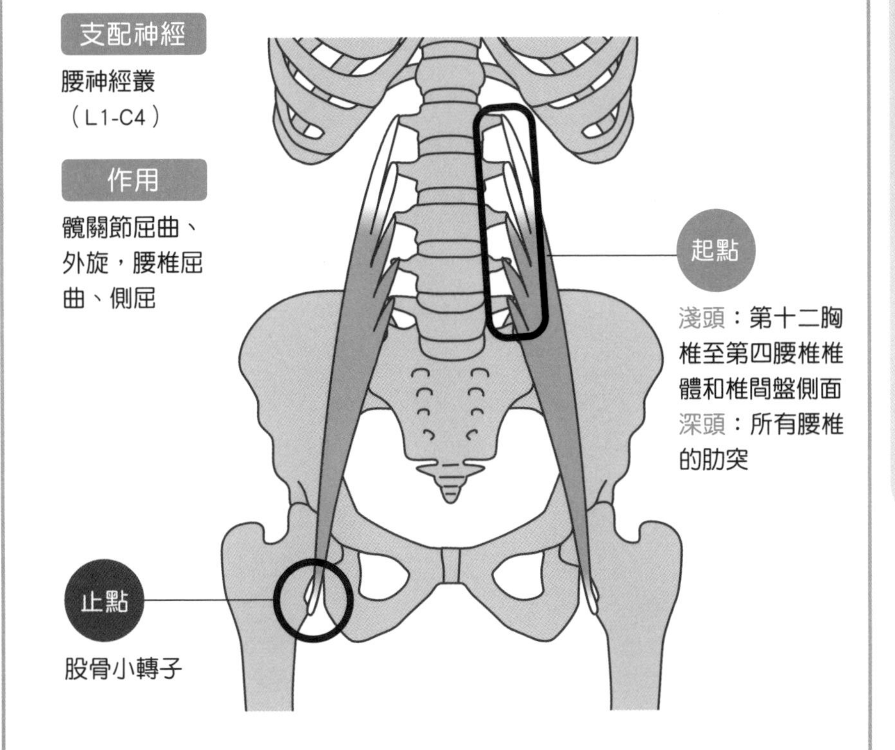

Psoas minor muscle

腰小肌

腰小肌是個特殊肌肉，不到一半的人擁有。單獨的力量較弱，是用來輔助腰大肌和髂肌，協助髖關節的運動。

支配神經

腰神經叢的分支（L1）

作用

輔助腰椎屈曲

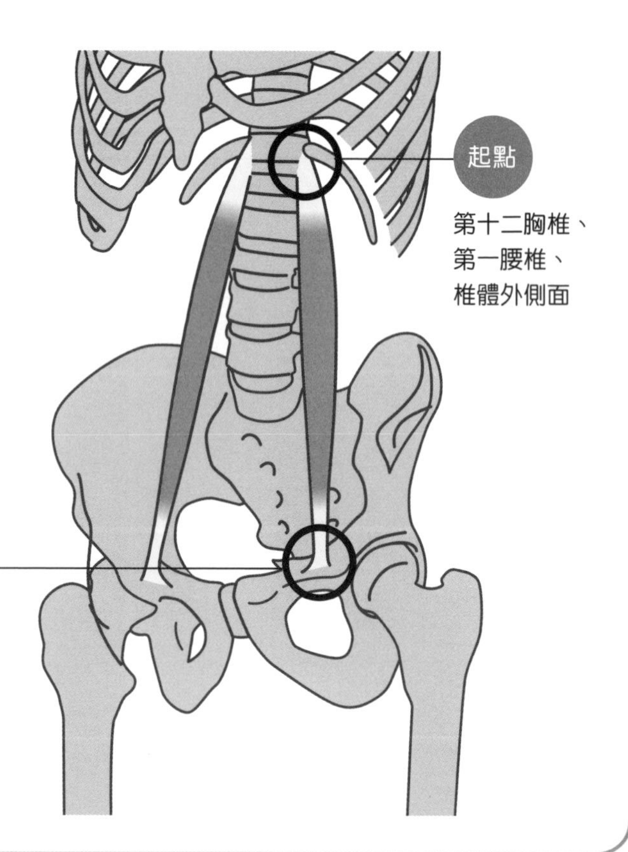

Iliacus muscle

髂肌

髂肌與腰大肌、腰小肌一起被合稱為「髂腰肌」。
位於後腹壁，可以緩和外界對內臟的衝擊。

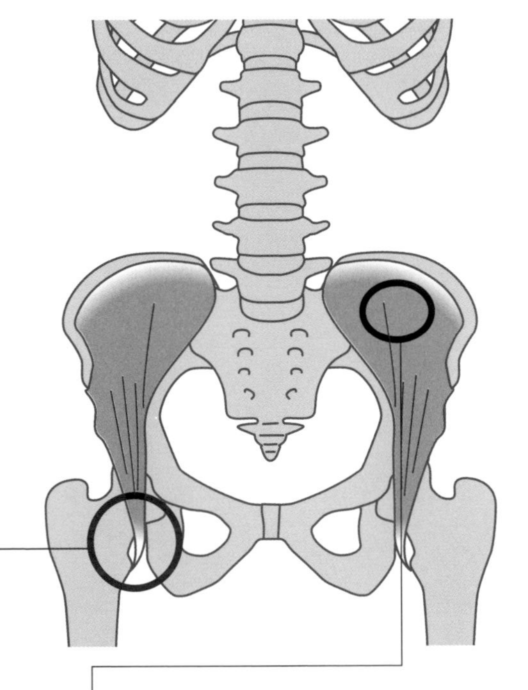

支配神經

股神經（L2-L4）

作用

髖關節屈曲、外旋、外展（輔助的作用）；以股骨為基準，使骨盆向前傾斜

止點

腰大肌肌腱外側、股骨小轉子和股骨下方後面

起點

髂窩上2/3、髂嵴內唇，在背側是骶髂前韌帶和髂腰韌帶、薦骨底，腹側則是髂前上棘和髂前下棘，兩者之間的切跡

Gluteus maximus muscle

臀大肌

以單個肌肉來說，在人體中最大也是最重的肌肉，便是臀大肌。因為它能形成我們臀部的曲線，想要提臀或雕塑圓潤臀型的人可以多加訓練。

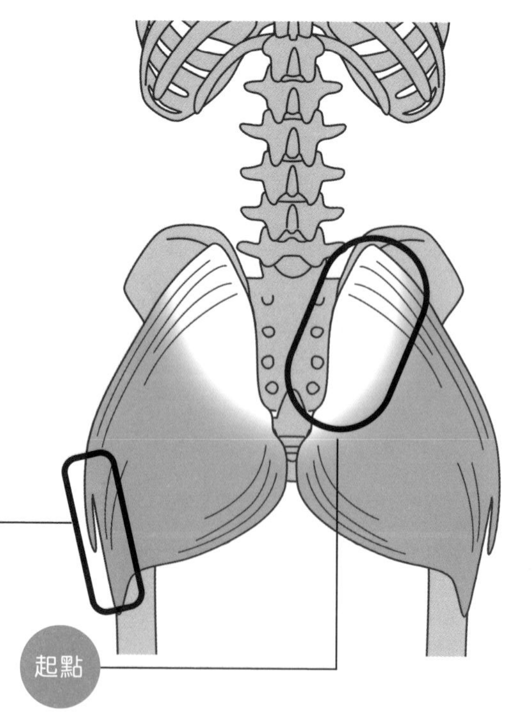

支配神經

臀下神經
（L5-S2）

作用

髖關節伸展、外旋、
外展、內收

上部和下部表層：
髂脛束
下部深層：
股骨臀肌粗隆

起點

表層：髂嵴的髂後上棘、薦骨下端後表面、尾骨側面
深層：髂骨後臀線、骶棘肌腱膜、骶結節韌帶、包括臀中肌在內的臀肌腱膜

Gluteus medius muscle

臀中肌

大部分面積都被臀大肌覆蓋在下方。容易因為運動等活動而感到疲勞，但經由拉伸按摩等方式便可有效緩解。

支配神經

臀上神經
（L4-S1）

作用

髖關節外展、內旋、外旋、屈曲

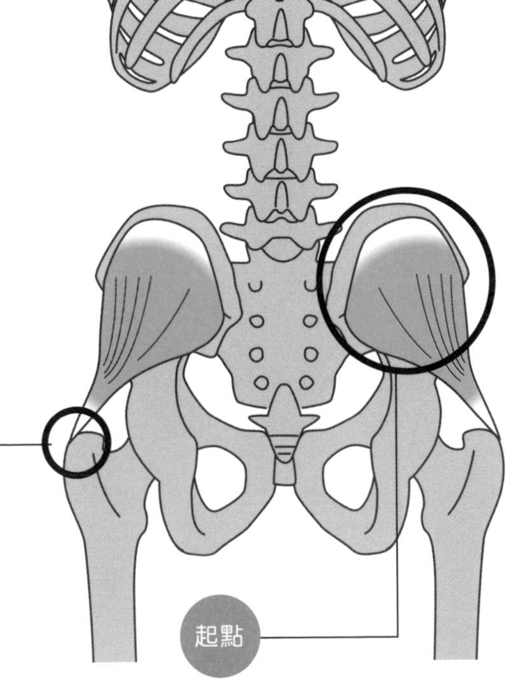

止點

大轉子外側面的隆起線

起點

髂嵴的外唇、臀後線和臀前線之間的臀肌面、臀肌腱膜

Gluteus minimus muscle

臀小肌

位於比臀大肌和臀中肌更內部的深層肌肉。在人體站立時負責支撐骨盆，有協助臀中肌的功能。

支配神經

臀上神經（L4-S1）

作用

髖關節外展、細微內旋

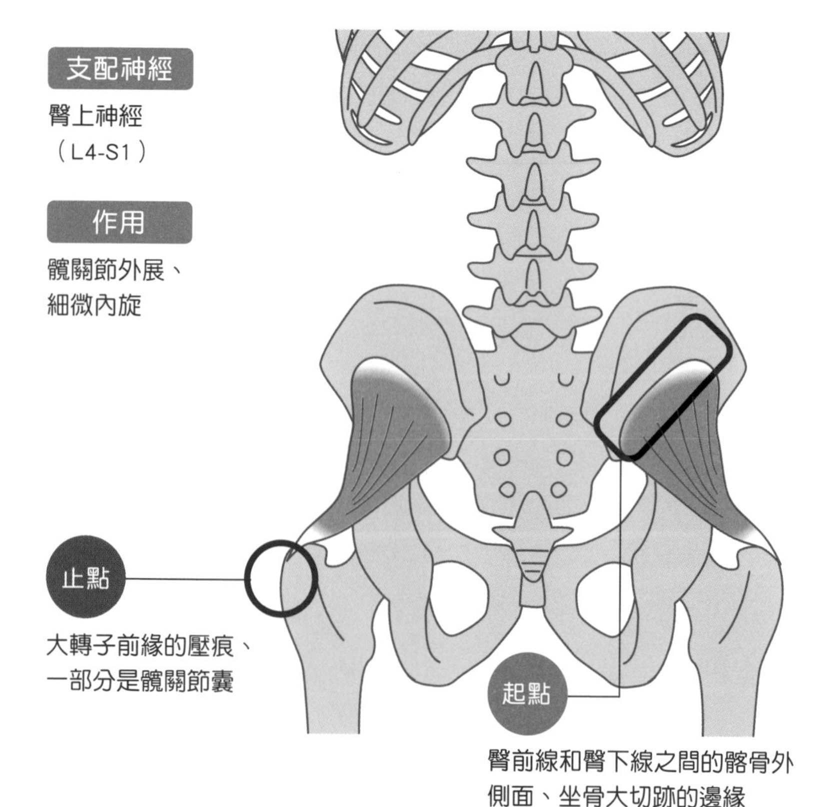

Piriformis muscle

梨狀肌

位於臀大肌深處的一塊肌肉，能讓股骨向外旋轉，使膝蓋轉向外側。它也是會影響薦骨和髖骨位置的重要肌肉。我們常聽到的坐骨神經痛，就是因梨狀肌出問題而引發。

支配神經

從骶叢直接發出的分支（L5-S2）

作用

髖關節外旋、外展、伸展，穩定髖關節

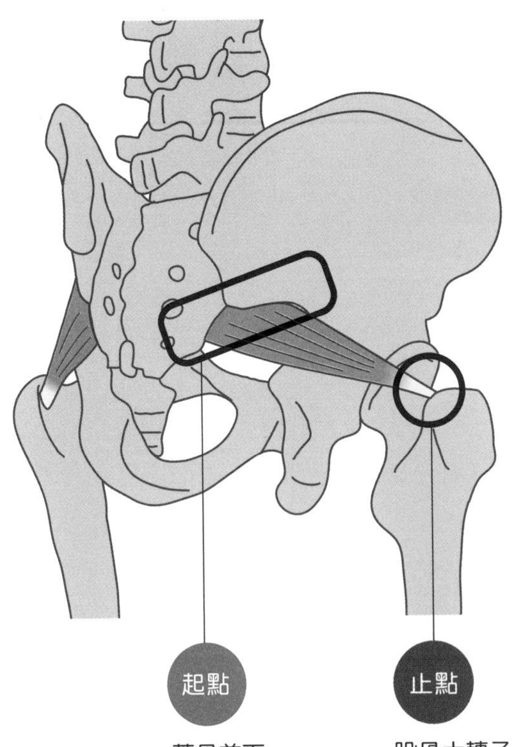

Superior gemellus muscle

上孖肌

位於梨狀肌和閉孔內肌之間的小肌肉。雖然功能較弱，卻是閉孔內肌的重要輔助肌。

支配神經

從骶叢直接發出的分支（S1、S3）

作用

髖關節外旋、內收、伸展（依據關節位置不同也有外展作用）

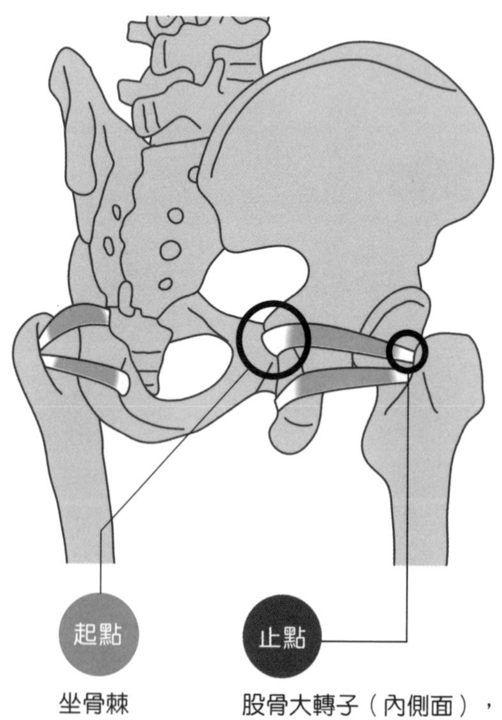

Inferior gemellus muscle

下孖肌

位於閉孔內肌下方的一塊小肌肉。與上孖肌同樣功能較弱，但作為閉孔內肌的輔助肌，能起到很大的幫助。

支配神經

從骶叢直接發出的分支（L4-S1）

作用

髖關節外旋、內收、伸展（依據關節位置不同也有外展作用）

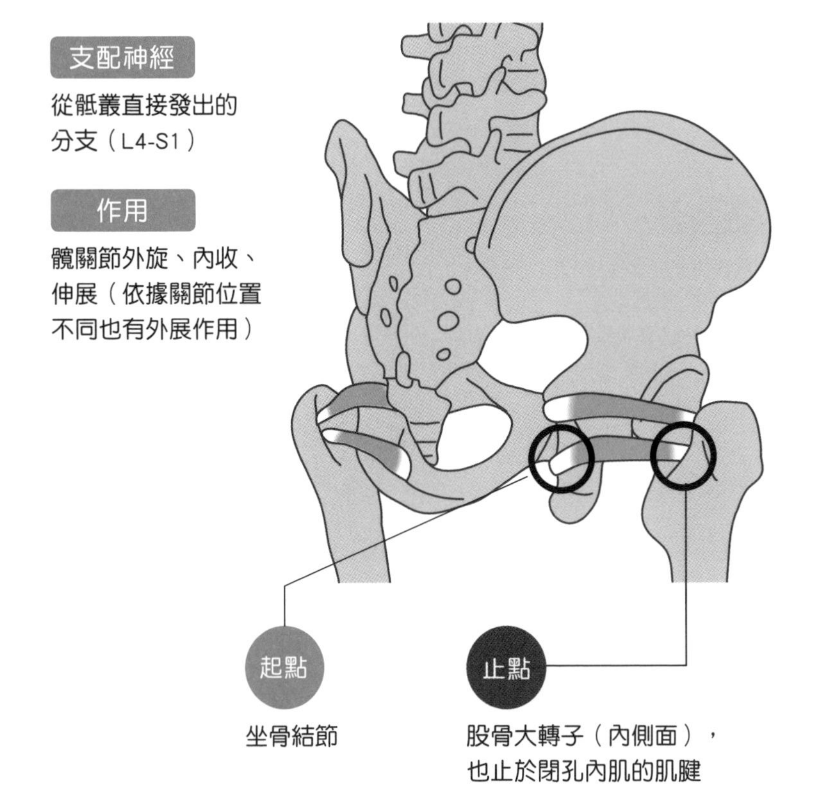

Obturator internus muscle

閉孔內肌

閉孔內肌是髖部中最強而有力的外旋肌。位於上孖肌和下孖肌之間，可使這兩個肌肉像手下般服從，在活動時進行輔助。

支配神經

從骶叢直接發出的分支（L5-S1）

作用

髖關節外旋、內收、伸展（依據關節位置不同也有外展作用）

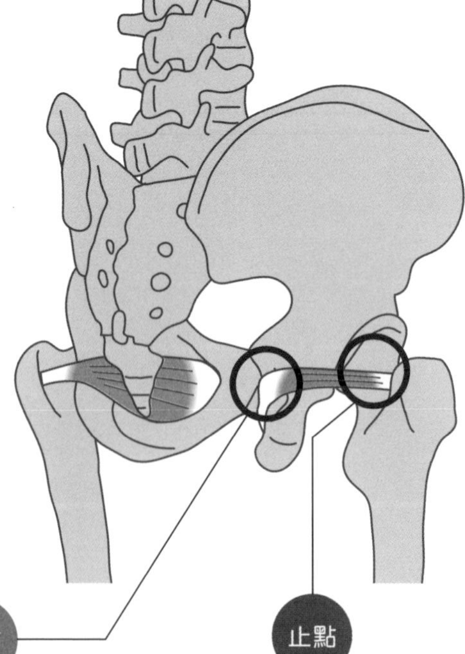

起點

閉孔膜和以閉孔膜為邊緣的恥骨與坐骨的內面

止點

股骨大轉子（內側面）

Obturator externus muscle

閉孔外肌

閉孔外肌是髖部的外旋肌中位於最深處的肌肉。雖然作用很微弱，但是一旦硬化就會變得很麻煩，所以從平常就應該妥善照顧。

支配神經

閉孔神經（L3-L4）

作用

髖關節內收、外旋，在矢狀面上穩定骨盆

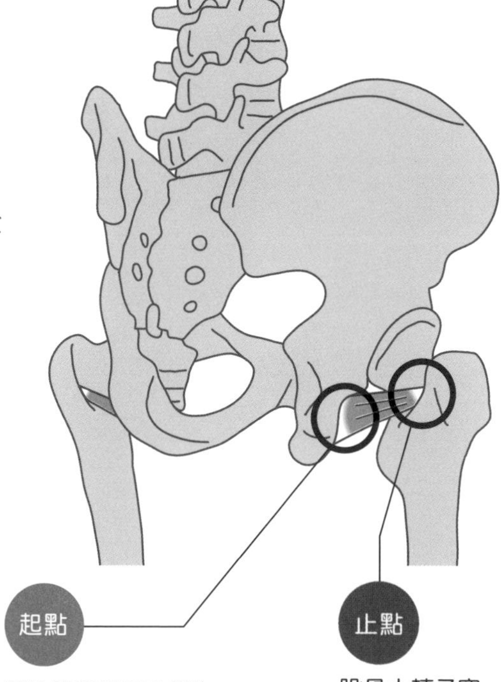

起點

閉孔膜和以閉孔膜為邊緣的骨骼的外面

止點

股骨大轉子窩

Quadratus femoris muscle

股方肌

和閉孔內肌並駕齊驅的強大外旋肌，也一起負責髖部的外旋動作。四角形的扁平造型，不僅方便肌肉作用，也有穩定身體的效果。

支配神經

從骶叢直接發出的分支（L4-S1）

作用

髖關節外旋、內收

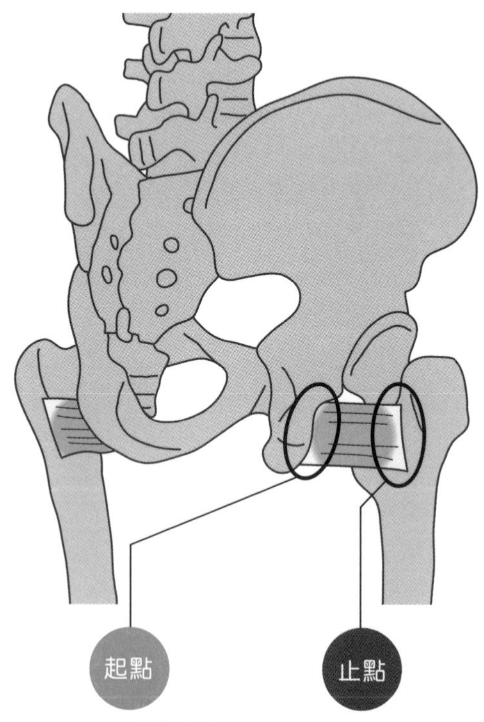

坐骨結節的外側緣　股骨轉子間嵴

Adductors muscles

內收肌群

內收肌群是五塊肌肉的統稱：內收大肌、內收短肌、內收長肌、恥骨肌、股薄肌。主要參與髖關節的內收動作，但根據部位的不同，在伸展動作上也有所貢獻。

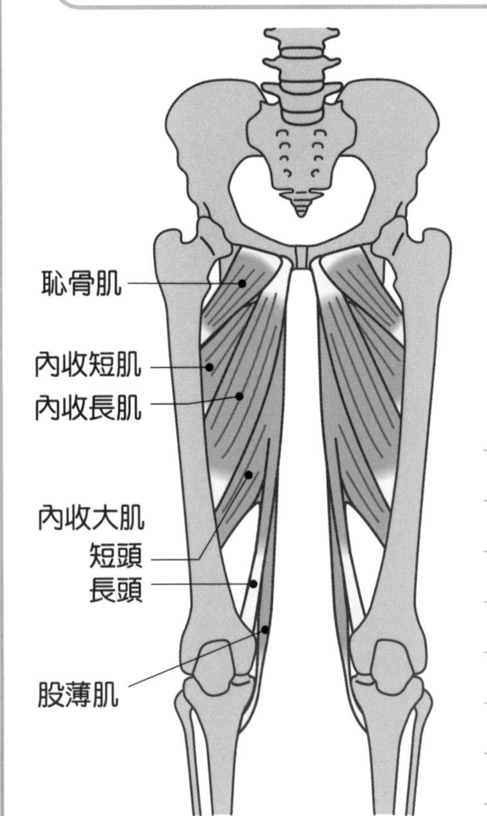

內收肌群對於維持骨盆的穩定性也能發揮作用，透過和髖關節的外展肌群一起支撐骨盆，可以協助日常生活中的運動或各種動作的機能。此外，藉由訓練也有可能改善O型腿。

Pectineus muscle

恥骨肌

它是內收肌中最小且位於最上端的肌肉。起於恥骨，可控制髖關節向身體中心靠近。

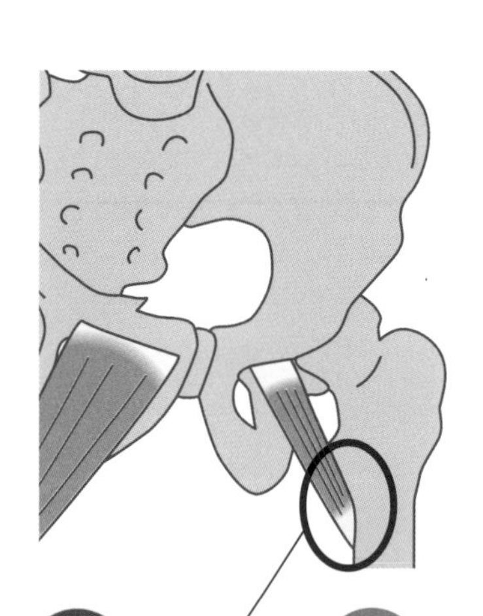

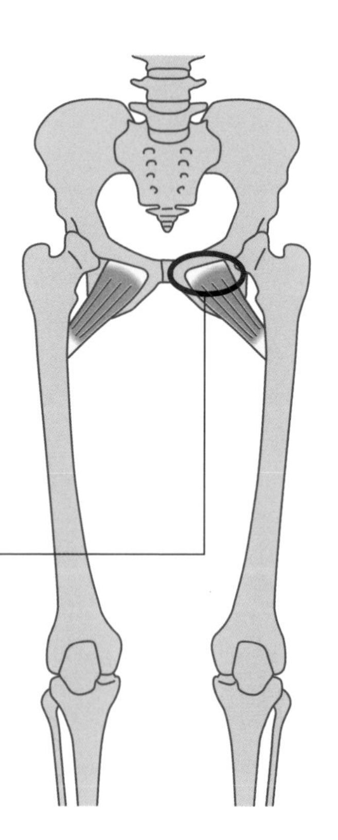

止點

恥骨線（從股骨小轉子到股骨粗線的一條粗線）

起點

恥骨上支、恥骨梳

支配神經

股神經（L2-L3）

作用

髖關節內收、屈曲、內旋

Adductor brevis muscle

內收短肌

被覆蓋於恥骨肌和內收長肌之下，並通過內收大肌前面。它與內收長肌協同合作，主要參與足部的閉合動作！

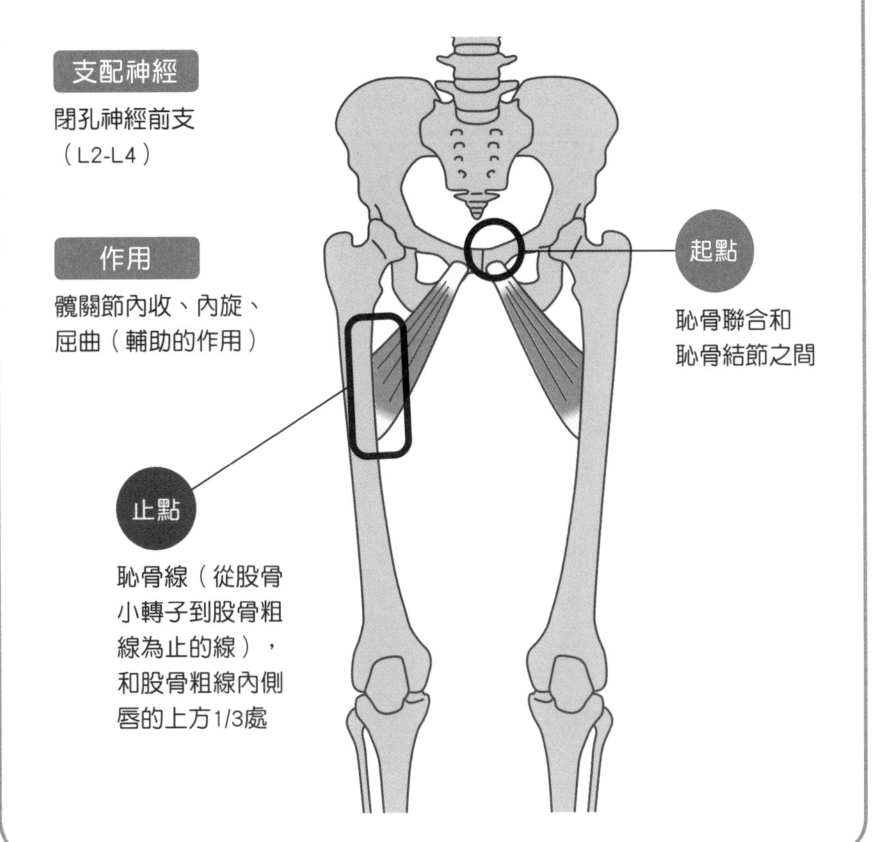

Adductor longus muscle

內收長肌

行走於大腿內側、位於內收大肌前方，呈三角形的肌肉。由於起點在骨盆的前側，所以對髖關節的屈曲也有所貢獻。

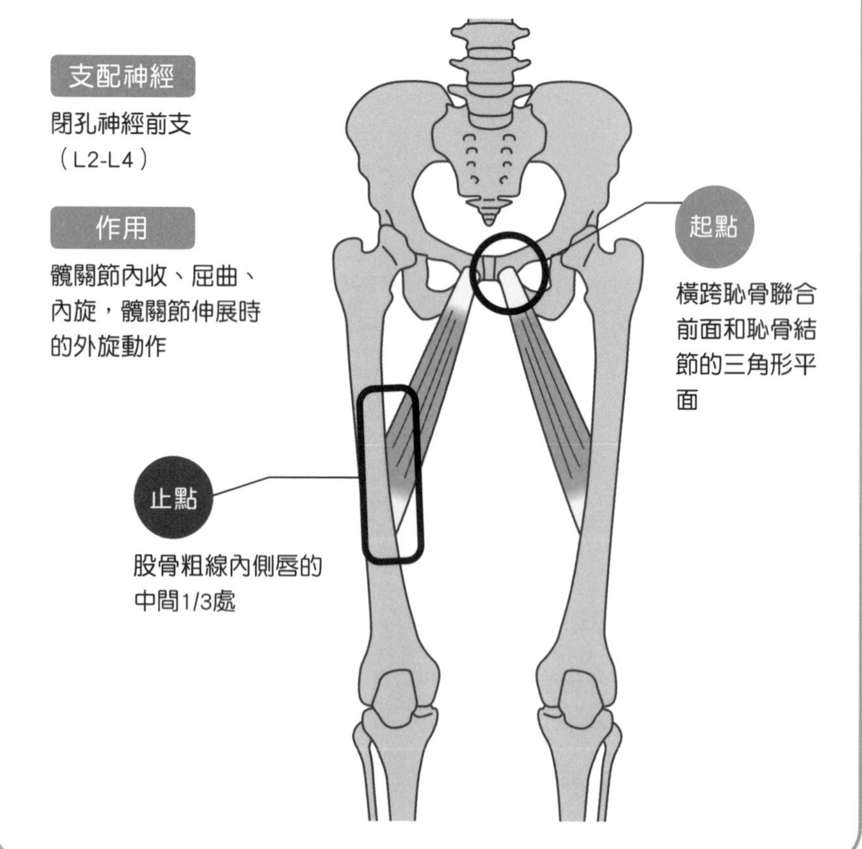

Adductor magnus muscle

內收大肌

在內收肌群中尺寸和力量都是最大的，可控制髖關節的內收、伸展動作。不過也因受力大而容易阻礙雙腿張開。此外，男性的內收大肌通常比女性更容易變得僵硬。

支配神經

結束於股骨粗線的肌肉部分：
閉孔神經後支（L2-S1）
結束於內收肌結節的肌腱部分：
脛神經（L2-S1）

作用

整體能使髖關節內收、
後部纖維負責伸展、
前部纖維負責屈曲

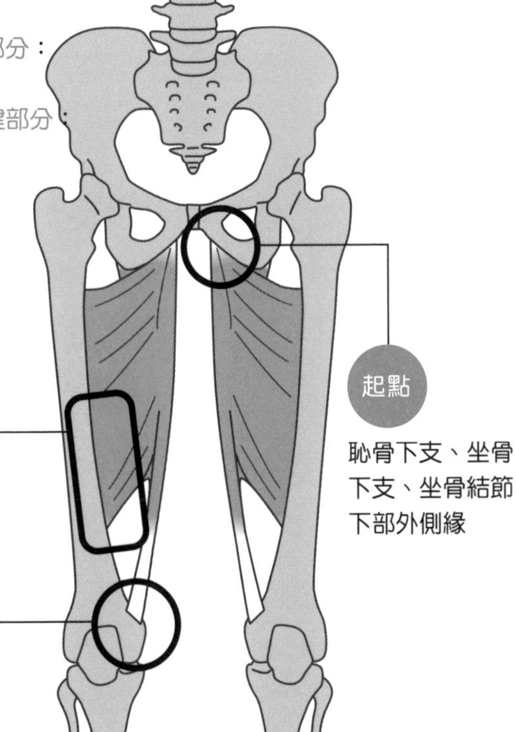

起點

恥骨下支、坐骨下支、坐骨結節下部外側緣

止點

從恥骨來的肌束：
從股骨大轉子到股骨粗線為止的粗線上
從坐骨下支來的肌束：
股骨粗線及其內側的延伸、近端坐骨
從結節來的肌束：
內收肌結節

Gracilis muscle

股薄肌

內收肌群中唯一的雙關節肌。終止在脛骨內側，與縫匠肌、半腱肌共同形成鵝足（鵝掌形狀）！

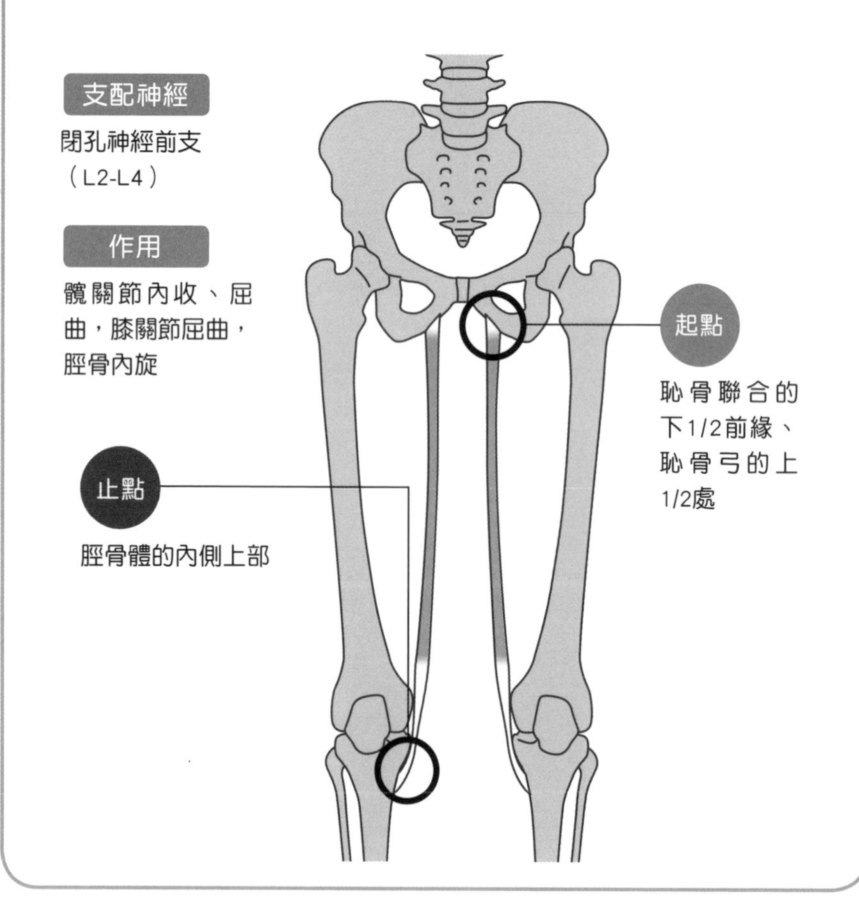

下肢保健與治療重點（一）

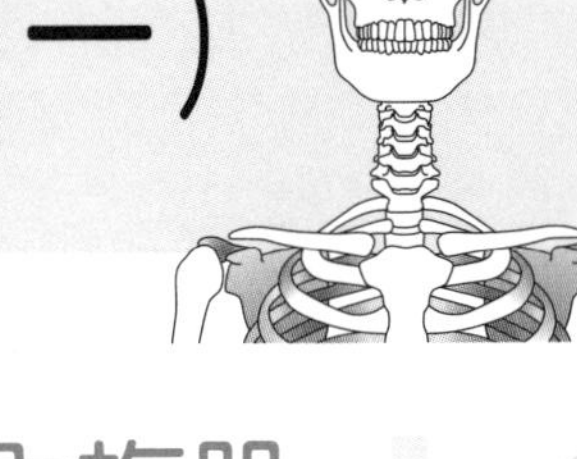

維持髖關節的外旋和內旋肌之肌力與柔軟度

下肢肌力太弱會造成骨盆後傾、髖關節外開

長時間維持不良的姿勢，對下肢會產生什麼影響呢？比如說，請試著想像以O型腿的姿勢盤腿。

如果是保有適當肌力的人，就算在這樣的狀態下也可以好好的矯正體態，讓自己維持在腰部輕度前彎、胸部朝向前方的姿態。但，如果是肌力薄弱的人，想必會變成骨盆倒向後方（後傾狀態）、背部拱起變圓、胸部或臉朝向下方的體態。換句話說，假若我們的骨盆後傾、髖關節外開，就容易導致駝背。雖然我說，造成這兩者的差異是因為所持有的肌力大小不同，但具體而言，究竟是哪裡的肌肉出問題了呢？

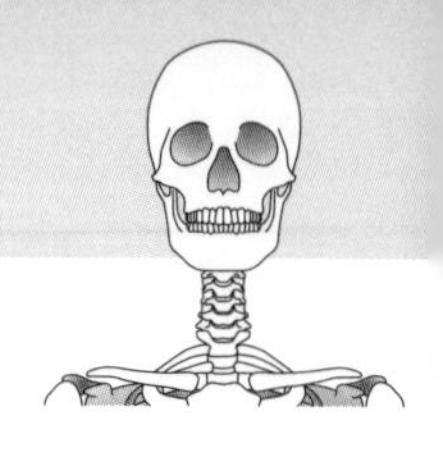

芭蕾舞者鍛鍊出理想的髖關節外旋狀態

在這裡我想請大家暫時將目光轉到芭蕾舞者身上，不論是站姿、坐姿還是盤腿的姿勢，他們的體態總是美到不在話下對吧！相對於讓脊椎保持適度的後彎，他們還能夠牢牢的維持住髖關節的外旋狀態，這便是最重要的關鍵所在。

說到髖關節的外旋肌群，一共有以下幾種肌肉。想要維持良好的體態，就要想辦法在日常中好好使用、鍛鍊這些肌肉。

- **髖關節外旋六肌（梨狀肌、上孖肌、下孖肌、閉孔內肌、閉孔外肌、股方肌）**
- **髂腰肌（腰大肌、腰小肌、髂肌）**

此外，為了保持理想的外旋狀態，還需要讓身為拮抗肌的髖關節內旋肌群是柔軟的。髖關節內旋肌群是指闊筋膜張肌、臀小肌（前纖維）、臀中肌（前纖維）、半腱肌、半膜肌。在進行保健或按摩時，有意識地確保這些肌肉的柔軟性，即可帶來不錯的效果。

參與髖關節外旋的梨狀肌

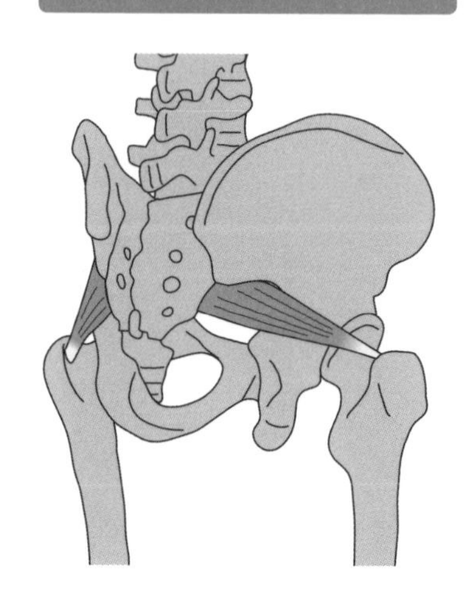

第8章

下肢的骨骼與肌肉（二）

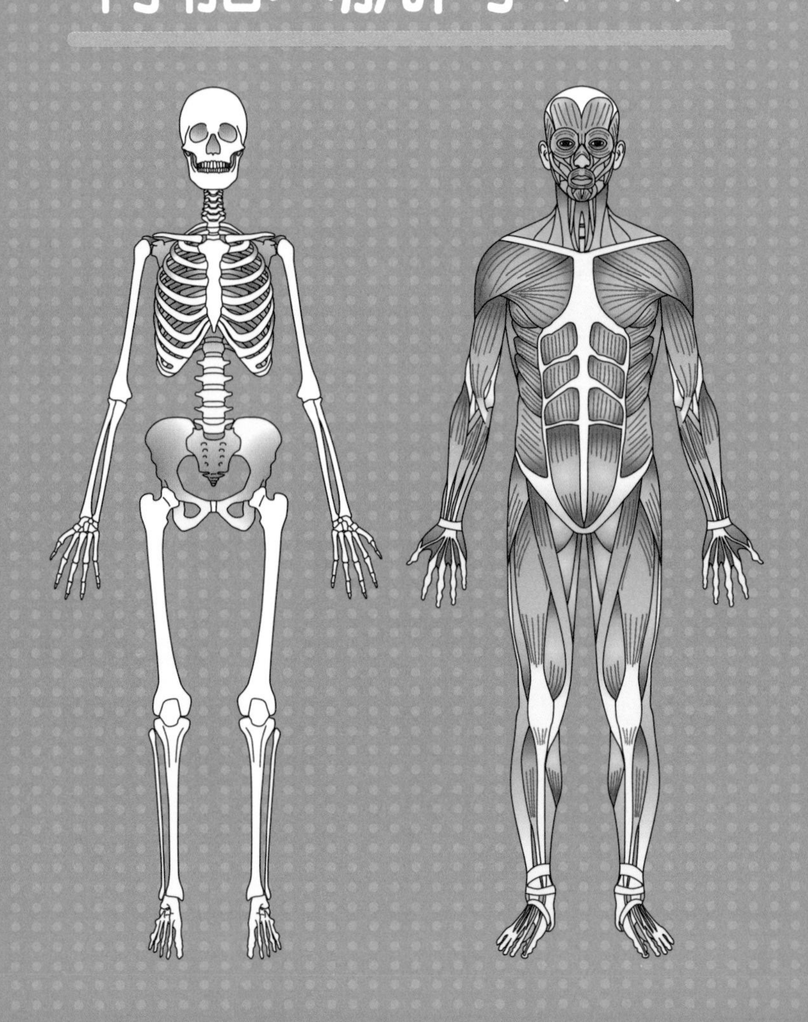

Quadriceps femoris muscle

股四頭肌

股四頭肌是一組四塊肌肉的總稱，包括：股中間肌、股內側肌、股外側肌和股直肌。起立的動作或是行走、跑步、跳躍等，日常生活和運動的各種場合都會使用它。

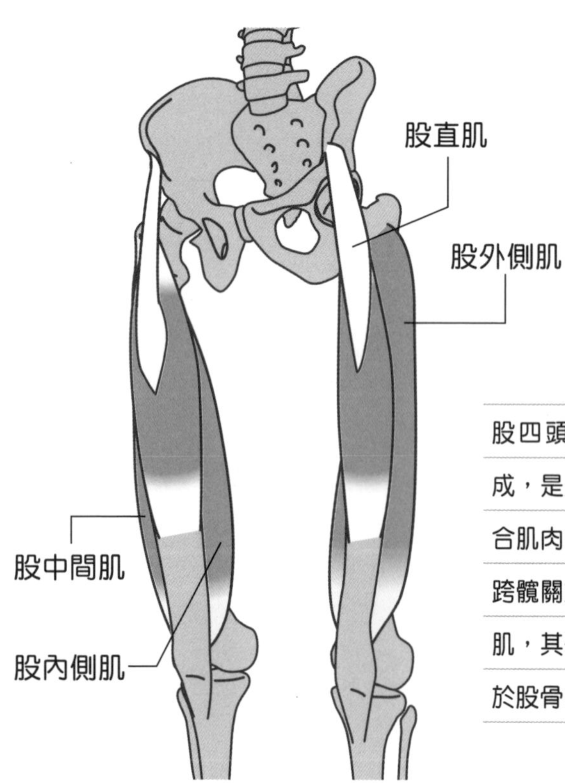

股四頭肌由大肌肉聚集而成，是人體中體積最大的複合肌肉。其中的股直肌是橫跨髖關節和膝關節的雙關節肌，其他三塊肌肉則都是起於股骨的單關節肌。

Rectus femoris muscle

股直肌

股四頭肌中唯一的雙關節肌。當我們要做出瞬間爆發的動作時會需要它的力量，像是在跑步或是跳躍等情況中會被使用到。

支配神經

股神經（L2-L4）

作用

髖關節屈曲
膝關節伸展

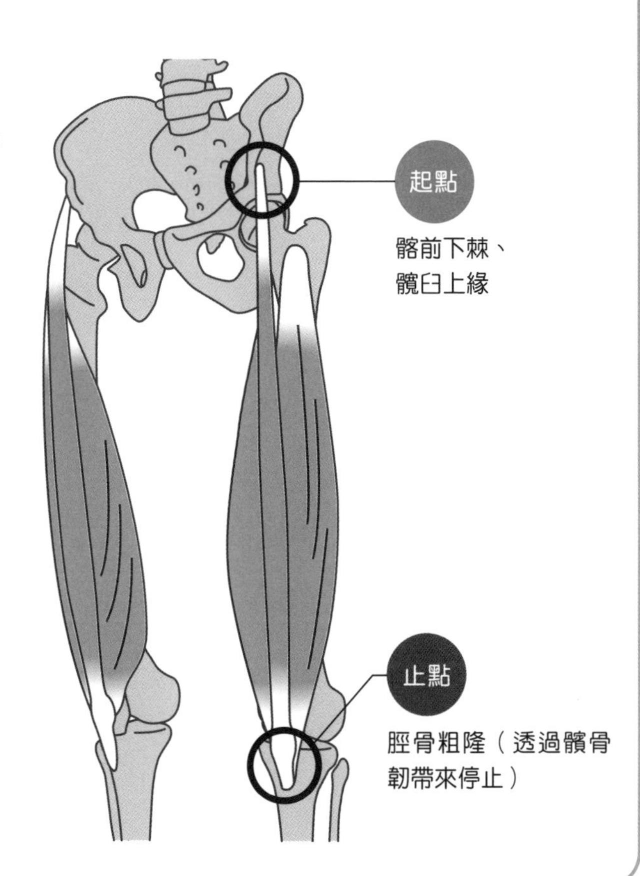

Vastus medialis muscle

股內側肌

股內側肌在髖關節的外旋動作、小腿固定不動時的膝蓋伸展動作方面有極大貢獻。例如深蹲時的起立動作，就需要股內側肌發揮積極的作用。

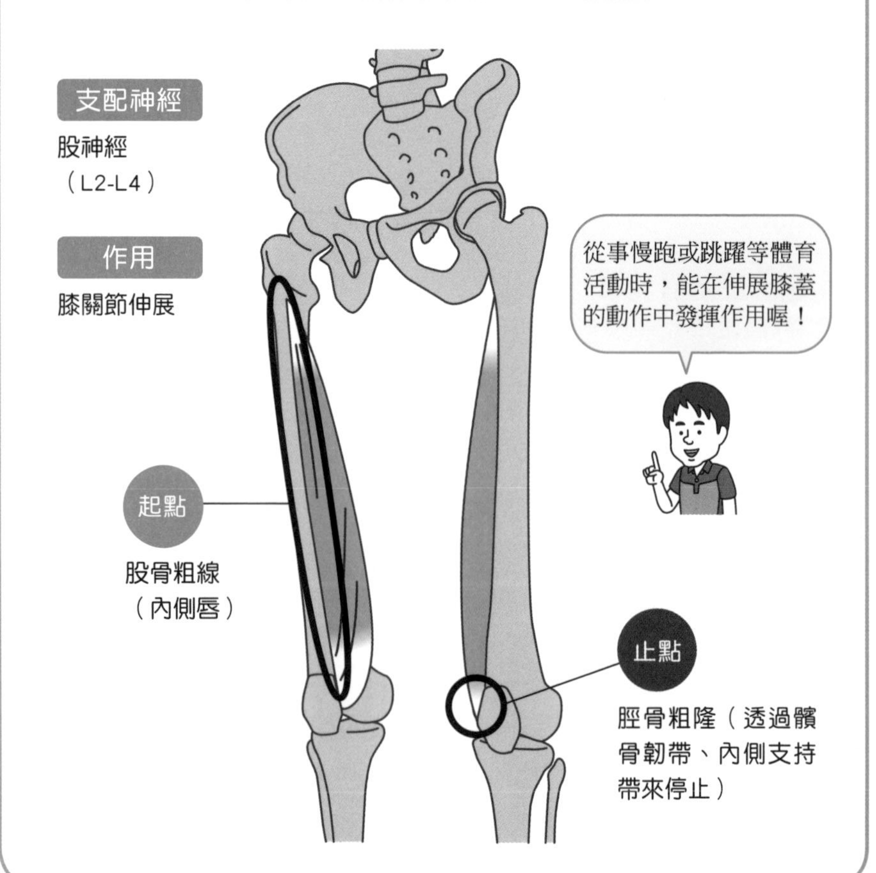

Vastus lateralis muscle

股外側肌

股外側肌在髖關節內旋的姿勢中，對膝蓋的伸展動作有很大的貢獻。它位於大腿前面的外側，在股四頭肌中佔有最大的面積。

支配神經

股神經
（L2-L4）

作用

膝關節伸展

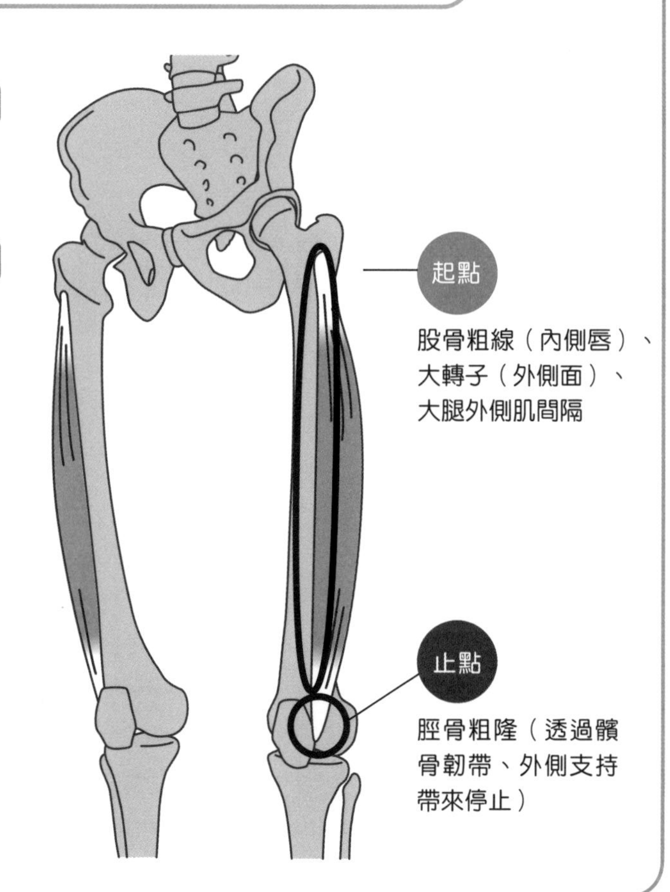

Vastus intermedius muscle

股中間肌

股中間肌在髖關節屈曲的姿勢中，對膝蓋的伸展動作特別有助益。從動作上來說，它能讓膝蓋保持伸直，是控制下肢不可或缺的肌肉。

支配神經

股神經
（L2-L4）

作用

膝關節伸展

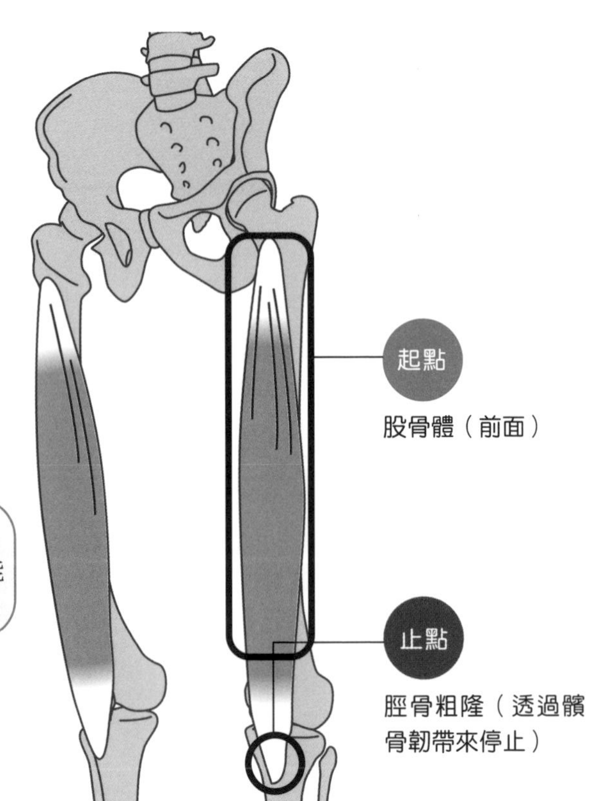

當股直肌休息的時候，股中間肌能代替它作動喔！

Tensor fasciae latae muscle

闊筋膜張肌

與大腿外側的髂脛束相連的肌肉。以尺寸來說，體積雖小，卻是參與髖關節各種動作的勤勞工作者喔！

支配神經

臀上神經
（L4-L5）

作用

髖關節屈曲、內旋、外展

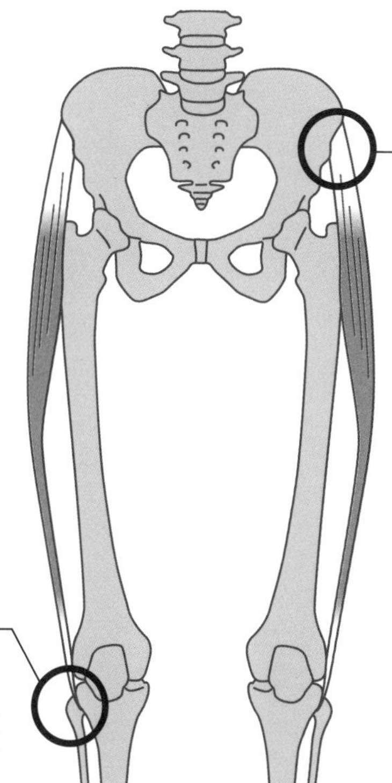

起點

髂嵴外唇前部、髂前上棘外面、髂前上棘下面的切跡外緣、闊筋膜的深面

止點

在兩層髂脛束之間，沿著髂脛束到脛骨外側髁

Sartorius muscle

縫匠肌

人體中最長的肌肉，位於大腿前面的最表層。它是雙關節的肌肉，在止端與股薄肌、半腱肌共同形成鵝足！

支配神經

股神經（L2-L3）

作用

髖關節屈曲、外展、外旋，膝關節屈曲，小腿內旋

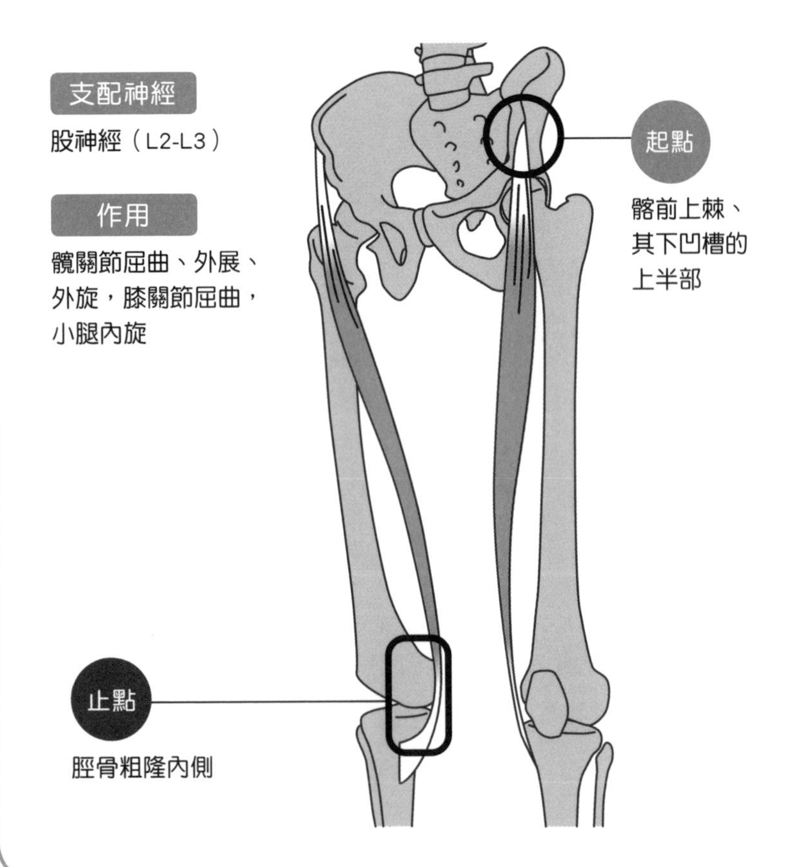

Hamstring muscles

膕繩肌

膕繩肌是「股二頭肌、半腱肌、半膜肌」這三塊大腿後側肌肉的總稱。主要作用於膝關節屈曲和髖關節伸展動作。對於行走或跑步時，緊急停止的動作也有很大幫助。

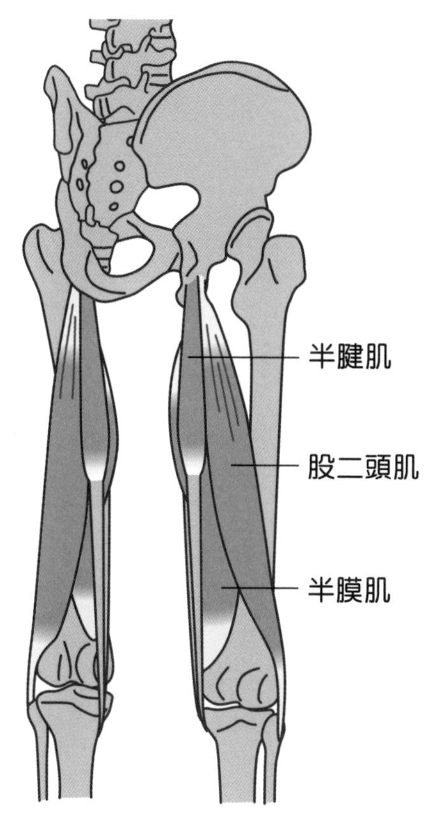

除了一部分的股二頭肌，其他肌肉都起源於骨盆後側的坐骨結節。它向下方行走，橫跨髖關節和膝關節，並停止於脛骨和腓骨的上方。雖然是雙關節肌，但比起膝蓋，對髖部的影響更多。

Biceps femoris muscle

股二頭肌

維持髖關節的穩定性，並控制骨盆前傾。比起膝關節屈曲，對髖關節的伸展有更大的貢獻。

支配神經

長頭：脛神經（L5-S1）

短頭：腓總神經（L5-S1）

作用

髖關節（長頭）：伸展，在矢狀面上穩定骨盆

膝關節：屈曲、外旋

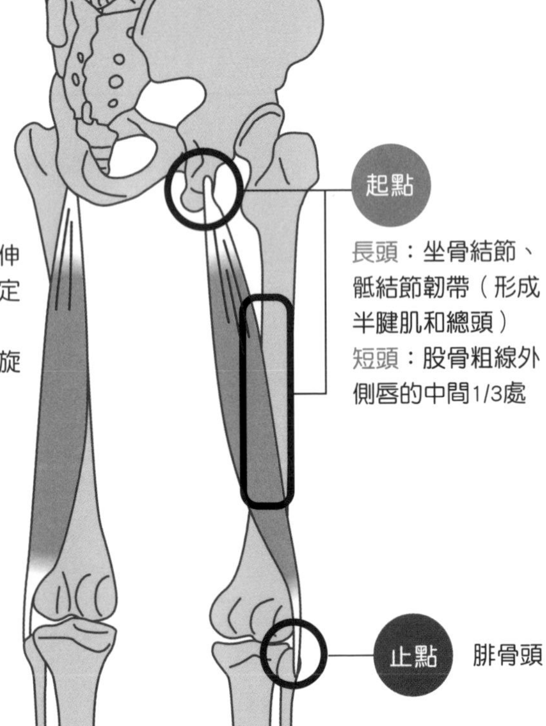

起點

長頭：坐骨結節、骶結節韌帶（形成半腱肌和總頭）

短頭：股骨粗線外側唇的中間1/3處

止點

腓骨頭

Semitendinosus muscle

半腱肌

它的下半部是細長的肌腱。特點是肌纖維很長。
通常短跑運動員的半腱肌會特別發達。

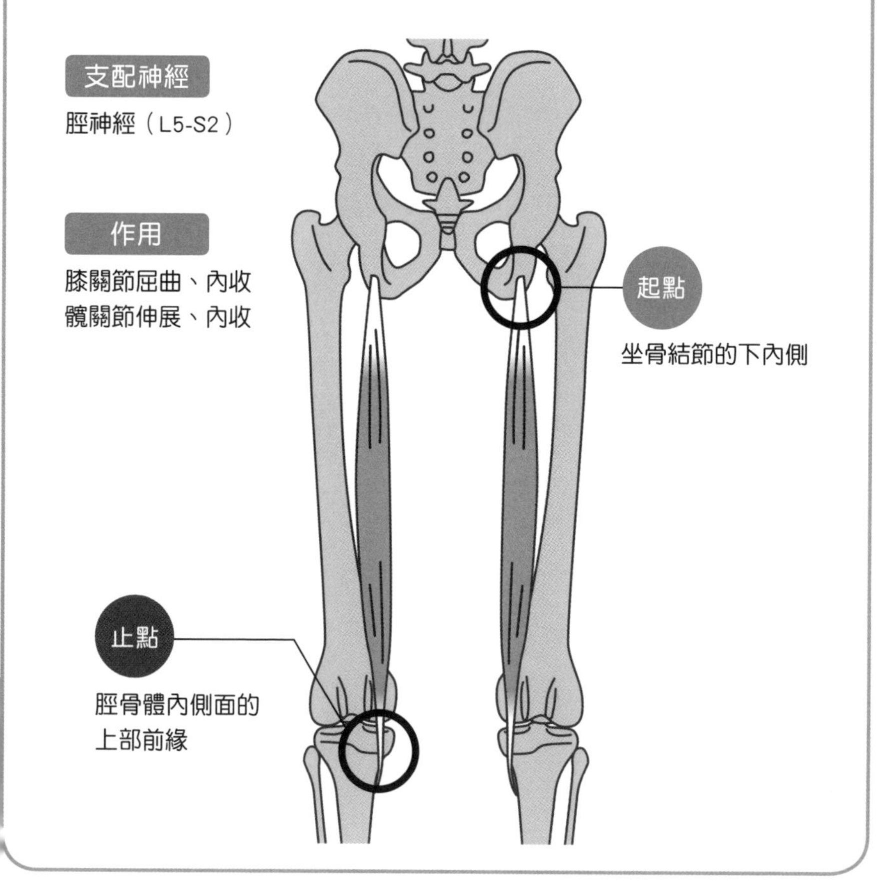

Triceps surae muscle

小腿三頭肌

小腿三頭肌是「腓腸肌」和「比目魚肌」的統稱。腓腸肌位於表層，比目魚肌則位於深層。兩者都對伸展腳踝的動作（踝關節的蹠屈：足尖伸直下壓移離腳脛的動作）有非常大的貢獻。

解剖下肢的骨骼肌

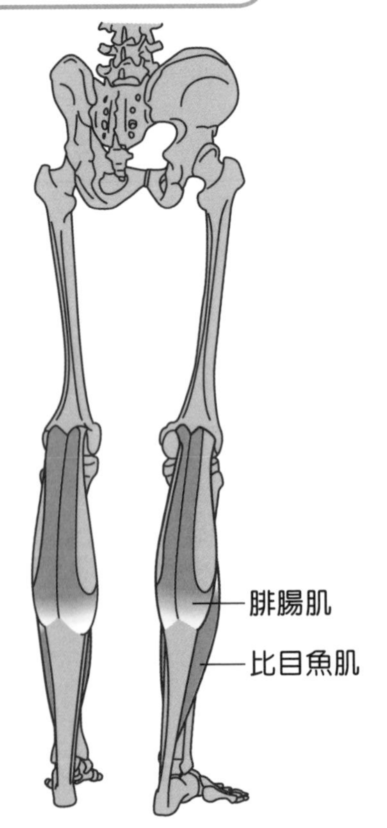

腓腸肌和比目魚肌的肌腱最後都會成為阿基里斯腱，並停止於腳跟處。腓腸肌作用於奔跑或跳躍等劇烈的運動，比目魚肌則主要參與站立或行走時需要保持平衡等的持續性運動。

Gastrocnemius muscle

腓腸肌

它是形成所謂「小腿」的雙關節肌肉，含有許多的快縮肌纖維。是導致肌肉拉傷和腳「抽筋」的原因。

支配神經

脛神經（S1-S2）

作用

踝關節（脛距關節）蹠屈、腳掌外翻（足內旋）、膝關節屈曲

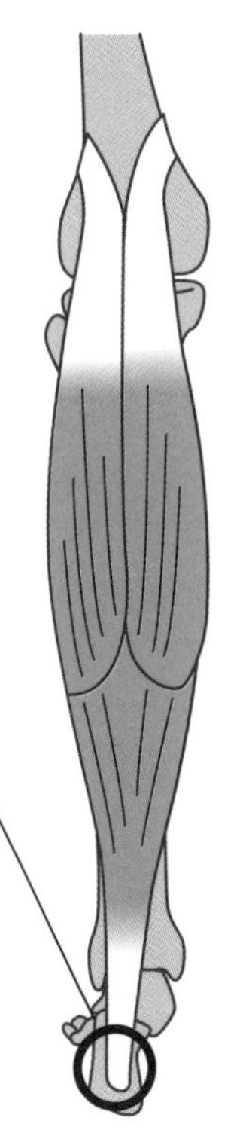

起點

內側頭：股骨內上髁後方的凹陷、膝關節囊

外側頭：股骨外上髁後方、膝關節囊

止點

形成阿基里斯腱、跟骨結節

Soleus muscle

比目魚肌

比目魚肌與腓腸肌一起形成人體中最強的肌腱「阿基里斯腱」。它的肌纖維很短，有體型雖小但力量強大的特點。

支配神經

脛神經（S1-S2）

作用

踝關節（脛距關節）蹠屈、腳掌內翻（足外旋）

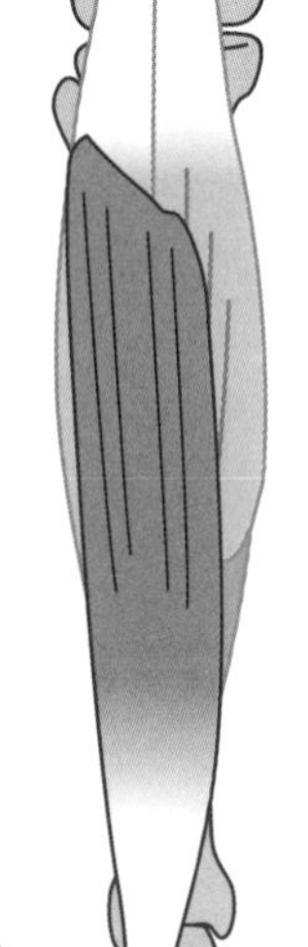

止點

形成阿基里斯腱、跟骨結節

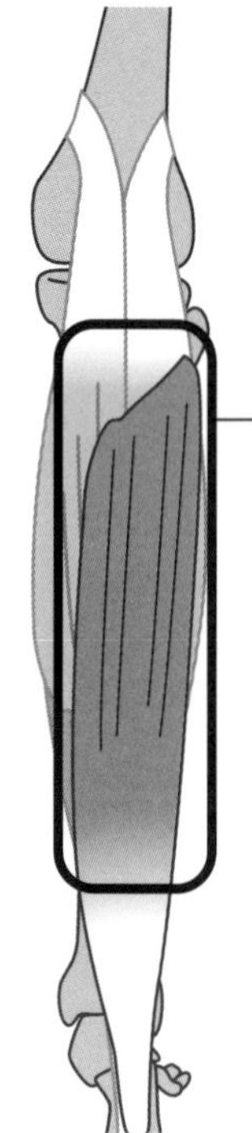

起點

腓骨頭後面、脛骨體後面上方1/3處、比目魚肌腺、脛骨內側緣中間1/3的腱弓

Popliteus muscle

膕肌

膕肌是被腓腸肌覆蓋的一塊小肌肉。單獨作用時的力量較弱，在彎曲膝蓋的動作上能輔助膕繩肌，彎腰時則能輔助後交叉韌帶。

支配神經

脛神經（L4-S1）

作用

膝關節屈曲、細微內旋

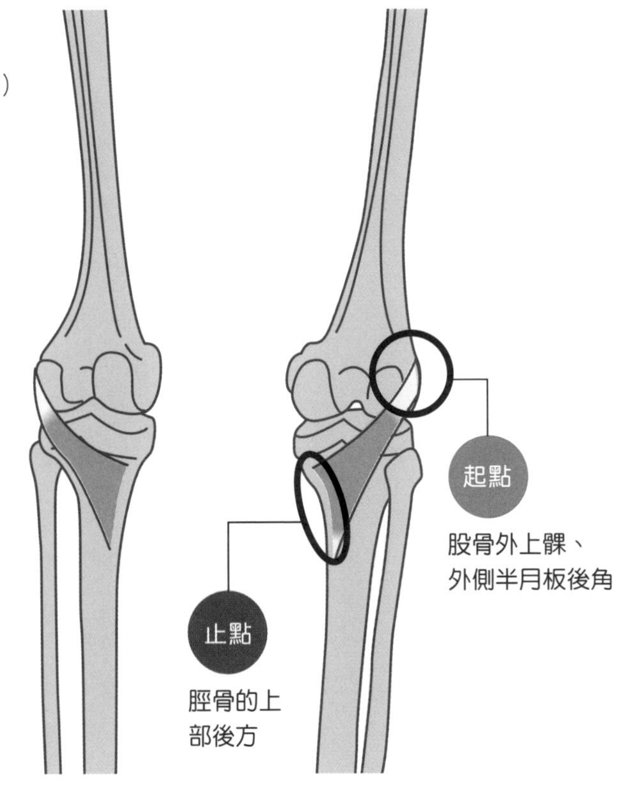

Plantaris muscle

蹠肌

它是位於小腿深處又細又長的肌肉，肌腹較小，個體力量微弱。肌腱的長度是人體中最長的。可以協助踮腳尖和伸懶腰的動作。

支配神經

脛神經（S1-S2）

作用

踝關節蹠屈

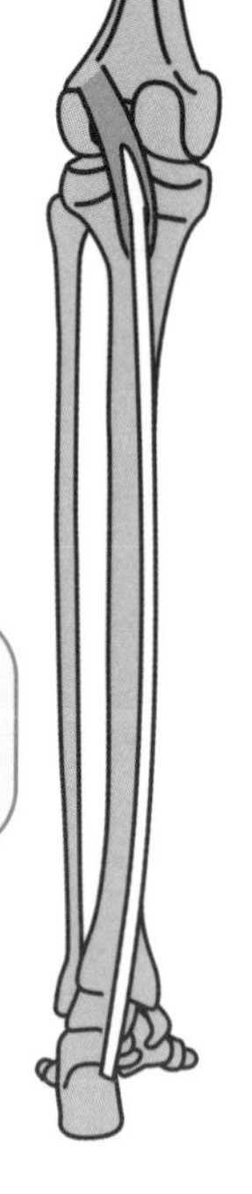

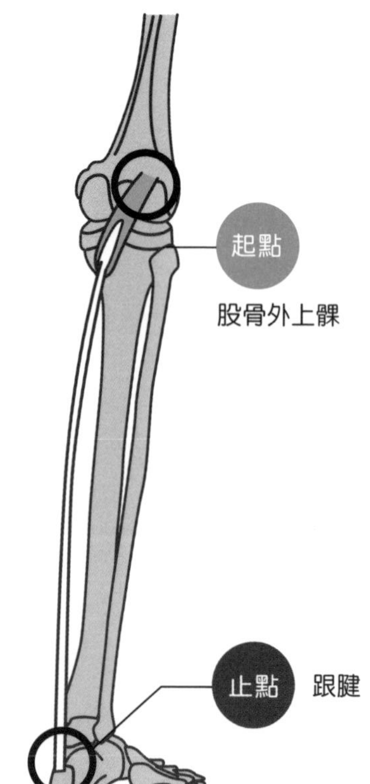

蹠肌本來是連接到腳底的肌肉，但現在已互不相連了喔！

解剖下肢的骨骼肌

Tibialis anterior muscle

脛骨前肌

在執行踝關節的背屈（足尖上翹接近腳脛的動作）動作時，它可以說是最強的肌肉。相對而言，如果肌肉麻痺的話將會變成「馬蹄足」（腳趾朝向下方的狀態）。

支配神經

腓深神經
（L5-S1）

作用

踝關節背屈、
跗骨間關節內翻

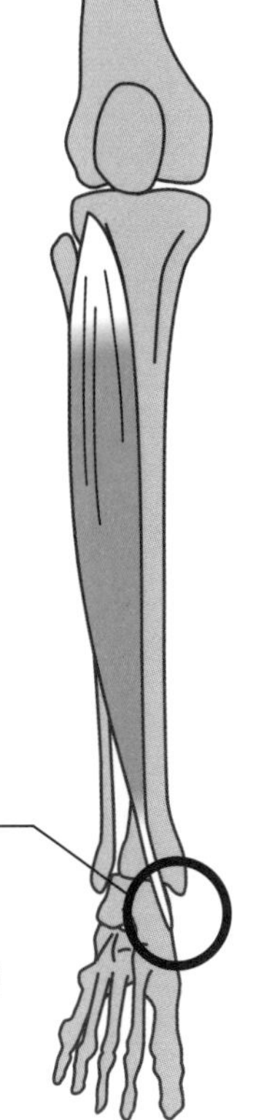

起點

脛骨外側髁、脛骨體外側面的上1/2至1/3、骨間膜的上方2/3、筋膜的深處側面

止點

第一蹠骨底部、內側楔狀骨的內側和足底面

Tibialis posterior muscle

脛骨後肌

位於小腿外側的深層肌肉。肌腱通過外踝正後方，止於足底。它與足底向外側翻轉的動作，以及維持足底的拱形有所關連。

支配神經

脛神經（L5-S1）

作用

足關節蹠屈、內翻

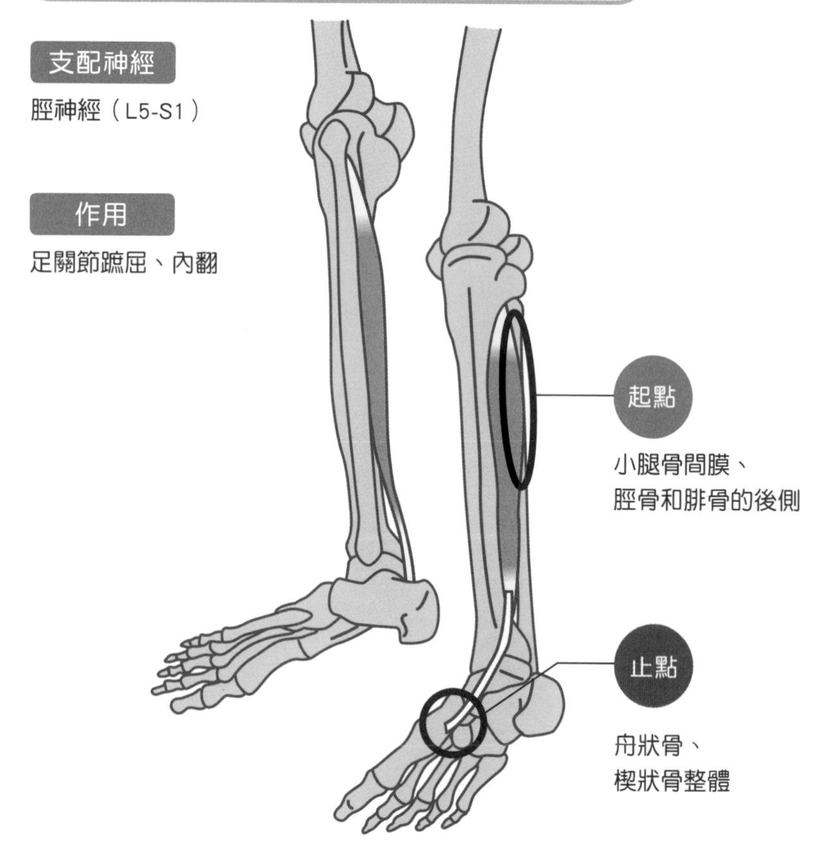

Flexor digitorum longus muscle

屈趾長肌

位於脛骨內側的深層肌肉。肌腱經過足底後分成四股，個別止於第二至第五腳趾的遠端趾骨底部。主要作用於站立時維持平衡等動作。

支配神經

脛神經（L5-S1）

作用

使第二至第五個腳趾的DIP（第1關節）、PIP（第2關節）、MTP（根部連結處）關節屈曲
足關節蹠屈、內翻

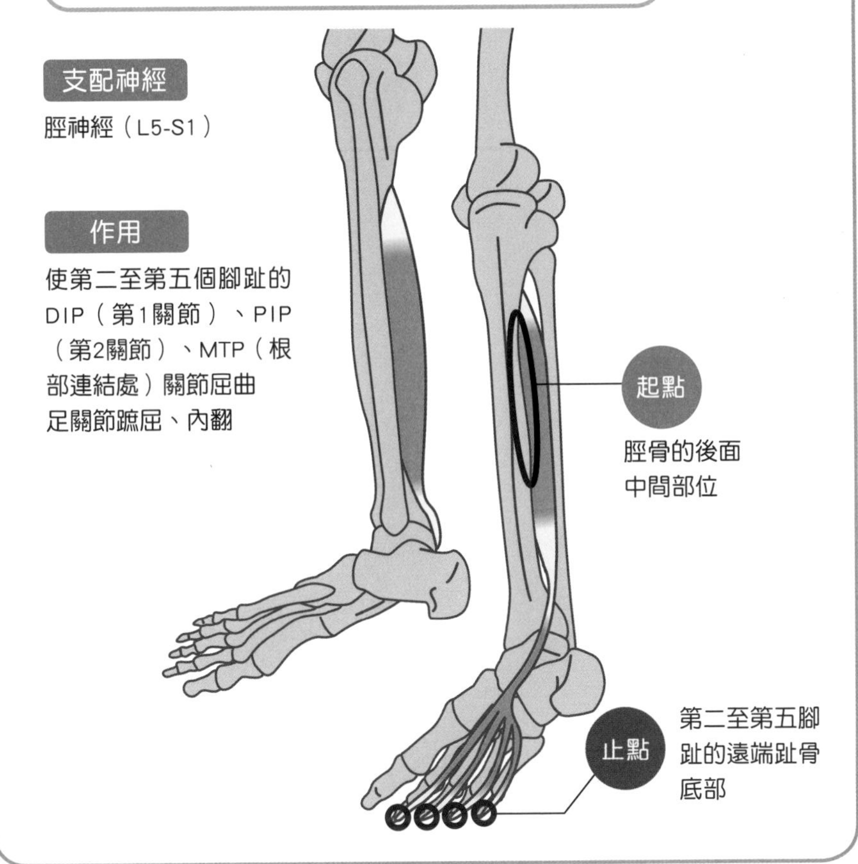

Flexor hallucis longus muscle

屈拇長肌

相較於比目魚肌，位於小腿後方的更深層肌肉即是屈拇長肌。肌腱延伸到腳的拇趾（大腳趾）前端，並止於拇趾的遠端趾骨底部。主要涉及伸展腳踝和彎曲大腳趾的動作。

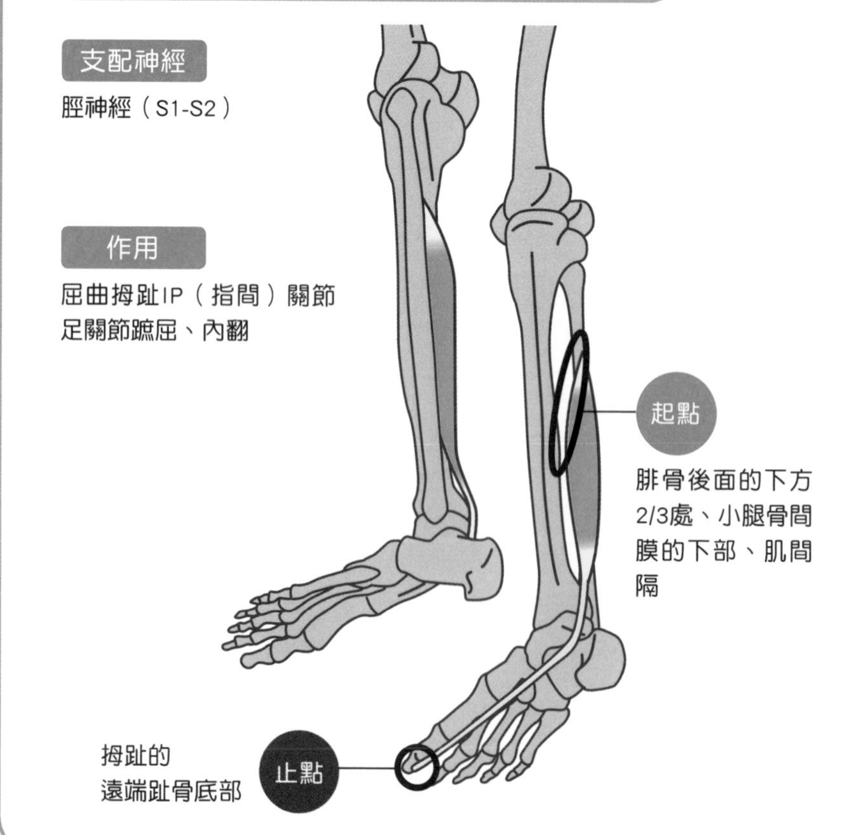

Extensor digitorum longus muscle

伸趾長肌

伸趾長肌可維持足關節「蹠屈肌」和「背屈肌」的平衡。它的一部分會在底部分支，成為第三腓骨肌。

支配神經

腓深神經
（L4-S1）

作用

伸展第二至第五腳趾的 MP 關節和 IP 關節、伸展脛距關節、內旋距下關節

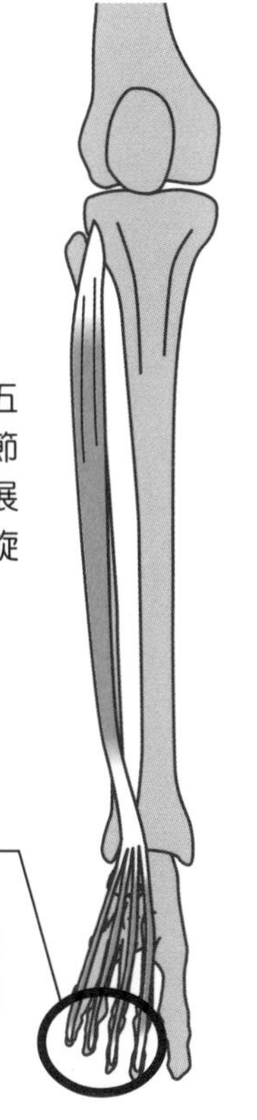

第二至第五趾的中間趾骨和遠端趾骨

起點

脛骨外側髁、腓骨體前面上部3/4處、骨間膜上部、筋膜深處的側面、伸趾長肌和內側脛骨前肌之間的肌間隔、腓骨長肌和短肌

Extensor hallucis longus muscle

伸拇長肌

伸拇長肌被脛骨前肌和伸趾長肌所覆蓋。參與彎曲腳踝和內翻的動作，另外，可以協助我們平穩地行走或跑步，避免絆倒。

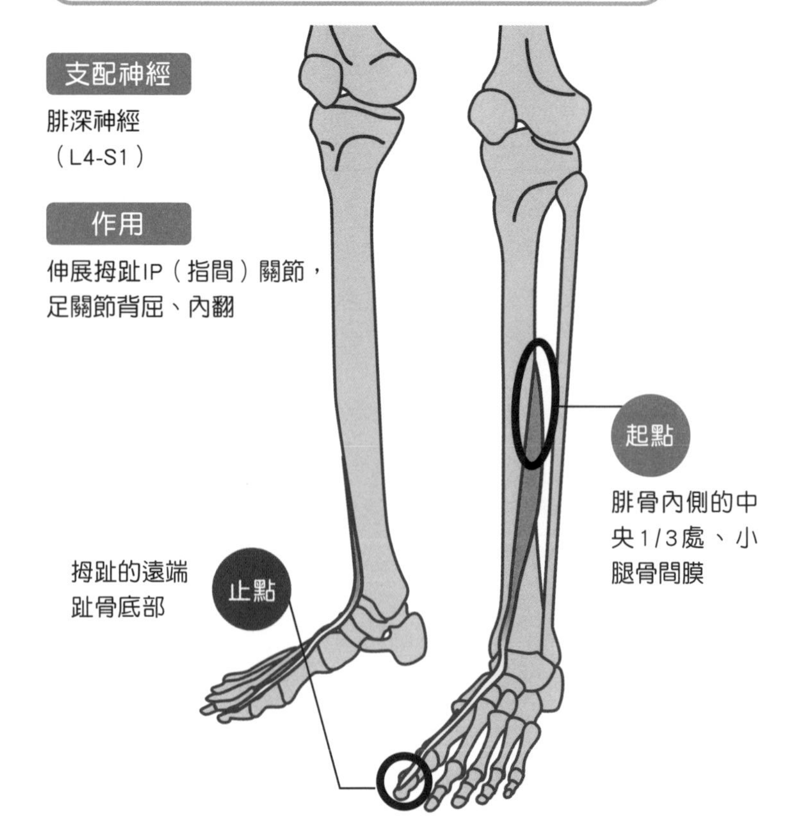

Peroneus tertius muscle

第三腓骨肌

第三腓骨肌是行經於伸趾長肌外側的一塊小肌肉，屬於伸趾長肌的部分肌束所形成的分支，與腓腸肌一起作用。還有輔助足關節外翻的功能。

支配神經

腓深神經
（L4-S1）

作用

輔助足關節外翻、背屈

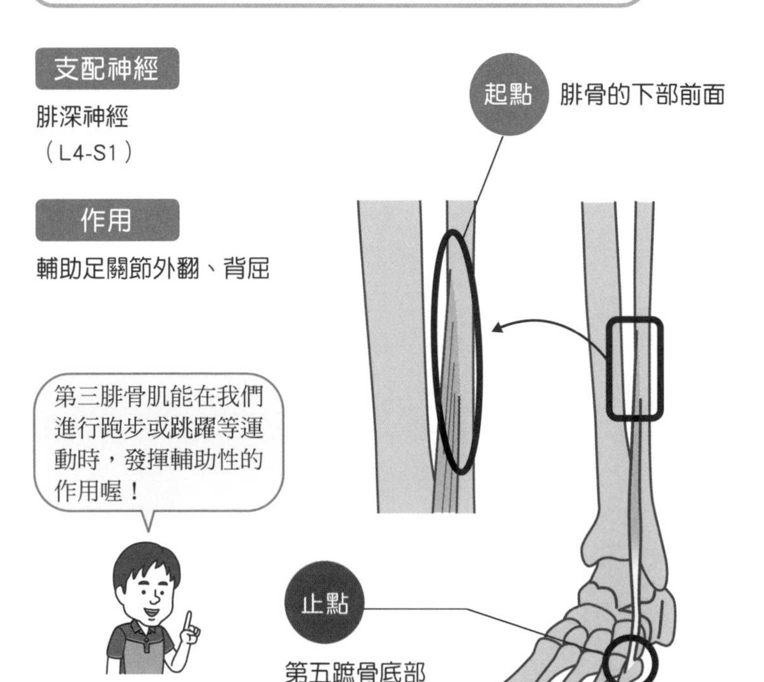

Peroneus longus muscle

腓骨長肌

位於小腿外側的肌肉。肌腱通過外側髁並止於腳底。作用在於使足關節能朝向外側，並協助維持腳底的足弓（內側縱向足弓）。

支配神經

腓淺神經
（L4-S1）

作用

足關節外翻、蹠屈

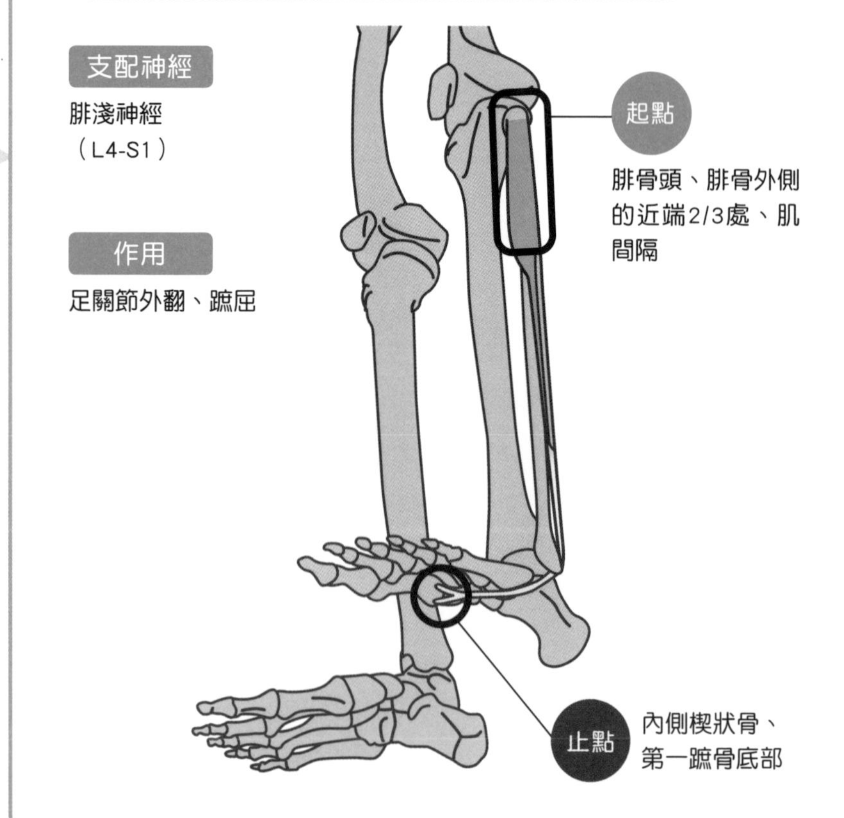

Peroneus brevis muscle

腓骨短肌

腓骨短肌雖然被腓骨長肌所覆蓋住，但起點略低於腓骨長肌。它是使腳底向外側轉動的主要肌肉，步行時可以配合地面或起伏來調整足底。

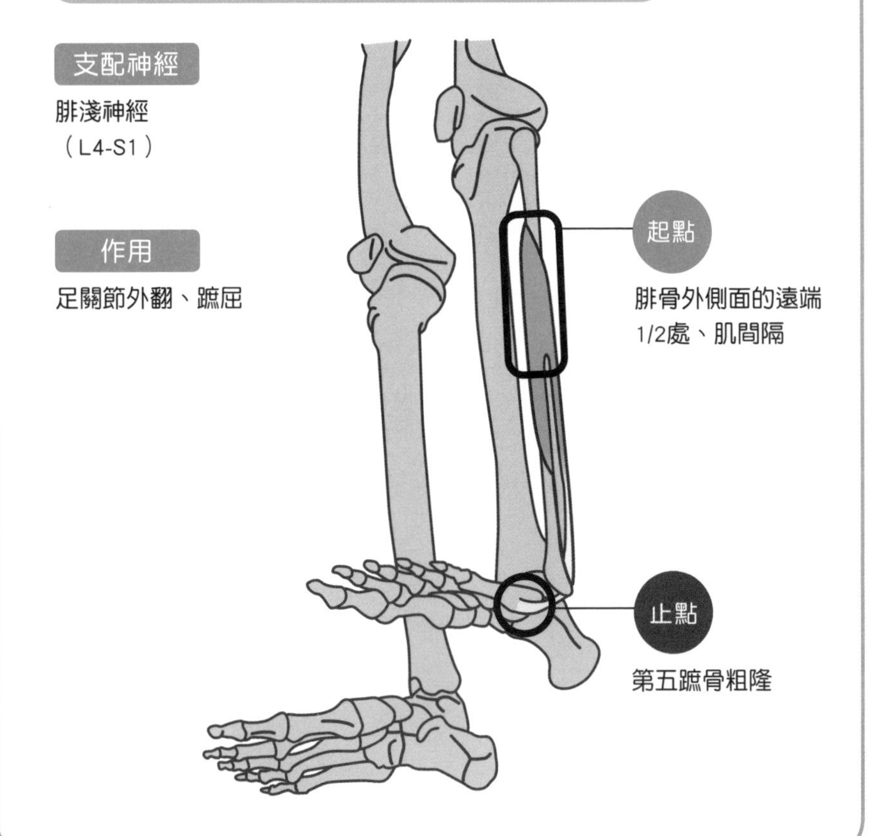

支配神經

腓淺神經
（L4-S1）

作用

足關節外翻、蹠屈

足部的其他內在肌肉

現在我要來介紹更多足部的內在肌肉唷！分別確認好肌肉的名字和位置，一起認識它們吧！

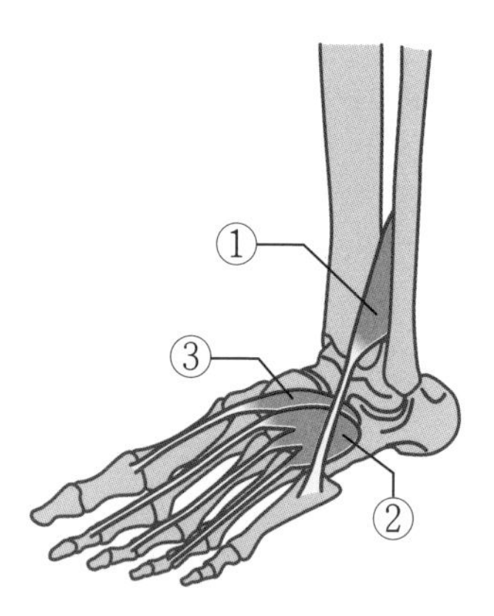

①第三腓骨肌
Fibularis tertius

（止點）第五蹠骨底部
（起點）腓骨（前緣）的遠端

②伸趾短肌
Extensor digitorum brevis

（止點）第二至第四腳趾（趾背腱膜和中間趾骨底部）
（起點）跟骨（背側面）

③伸拇短肌
Extensor hallucis brevis

（止點）第一趾（趾背腱膜和近端趾骨底部）
（起點）跟骨（背側面）

④外展拇肌
Abductor hallucis

（止點）第一趾（透過內側種子骨停止於近端趾骨底部）
（起點）跟骨粗隆（內側突）

⑤屈趾短肌
Flexor digitorum brevis

（止點）第二至第五腳趾（中間趾骨的側面）
（起點）跟骨粗隆（內側結節）、足底筋膜

⑥外展小趾肌
Abductor digiti minimi

（止點）第五趾（近端趾骨底部）、第五蹠骨（粗隆）
（起點）跟骨粗隆（內側結節）、足底筋膜

⑥
⑤
④

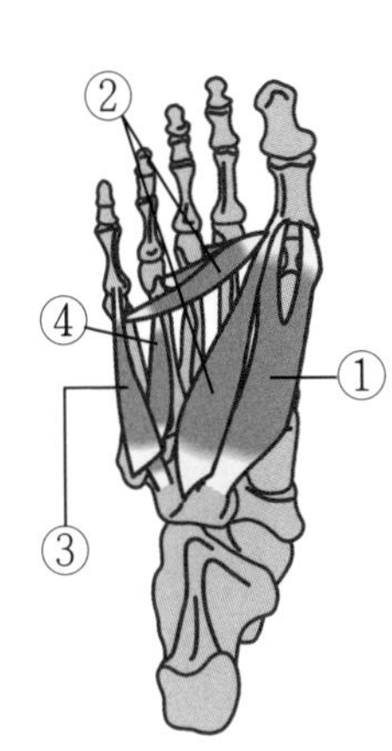

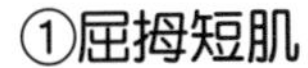

①屈拇短肌

Flexor hallucis brevis

（止點）第一近端趾骨底部（透過內側、外側種子骨來停止）
（起點）骰子骨、外側楔狀骨、蹠側跟骰韌帶

②內收拇肌

Adductor hallucis

（止點）第一近端趾骨底部（共同肌腱透過外側種子骨來停止）
（起點）斜頭：第二至四蹠骨底部 / 橫頭：第三至五趾的MTP關節、深橫蹠骨

③屈小趾短肌

Flexor digiti minimi brevis

（止點）第五近端趾骨底部
（起點）第五蹠骨底部、足底長韌帶

④小趾對掌肌

Opponens digiti minimi

（止點）第五蹠骨
（起點）足底長韌帶、腓骨長肌腱的足底腱鞘

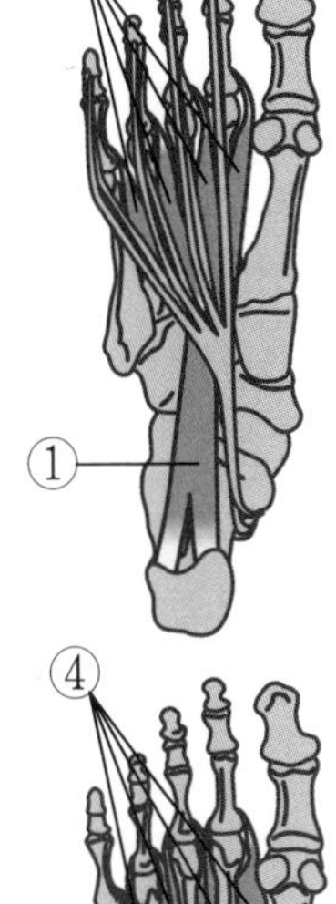

①蹠方肌

Quadratus plantae

（止點）屈趾長肌腱（外側緣）
（起點）跟骨粗隆的足底面（內側緣和底側緣）

②足蚓狀肌（4條肌肉）

Lumbricals

（止點）第二至第五腳趾（趾背腱膜）
（起點）屈趾長肌（內緣）

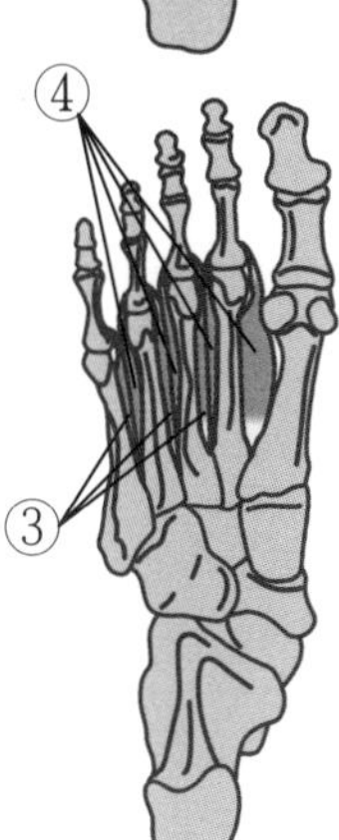

③蹠側骨間肌（3條肌肉）

Plantar interosseus

（止點）第三至第五近端趾骨底部的內側面
（起點）第三至第五蹠骨（內緣）

④背側骨間肌（4條肌肉）

Dorsal interosseus

（止點）第一背側骨間肌：第二近端趾骨底部的內側面 / 第二至四背側骨間肌：第二至四近端趾骨底部的外側面、第二至四趾的趾背腱膜
（起點）第一至第五蹠骨（起於二頭相鄰的蹠骨側面）

下肢保健與治療重點（二）

隨著老化而流失的大腿肌必須要及時護理

鍛鍊大腿前側肌肉讓它在平日好好發揮力量

首先，讓我們來想想看，大腿的肌肉如何影響我們的身體姿勢。大腿前側的肌肉附著在骨盆的前側，大腿後側的肌肉附著在骨盆的後側。在這種情況下，其中一邊肌肉短縮的話，骨盆會如何移動呢？

比如在拉取廁所的捲筒衛生紙時，從垂掛在前方的廁紙開始拉，跟從垂掛在後方的廁紙開始拉，衛生紙的紙芯會朝相反方向旋轉吧。與此相同，當大腿的前側肌肉短縮時會使骨盆向前倒（前傾），受此影響，腰椎也會變得略微前凸（脊柱前彎）；其次，當大腿的後側肌肉短縮時，骨盆會向後倒（後傾），腰椎也會受其影響而變圓（脊柱後彎）。

我們常說的駝背，指的就是大腿後側肌肉短縮而引起的姿勢。因此，尤其在我們站立的時候，讓大腿前側的肌肉好好地發揮肌力，使骨盆保持稍微前傾的狀態非常重要。再者，為了更容易保持這樣的姿態，讓大腿後側的肌肉擁有足夠的柔軟度，其結果將會更好。

其實經由研究證實，這條位於大腿前側的肌肉會隨著年齡的增長而退化。而且不僅如此，還有背闊肌、腰大肌、豎脊肌等等幫助我們保持良好姿勢的各種肌肉，也都會隨著年齡的增長而退化。

人體所需要的照護會因年齡層而產生變化

如果要舉例的話，學生時代等年輕時期，就像搭乘上升的電動手

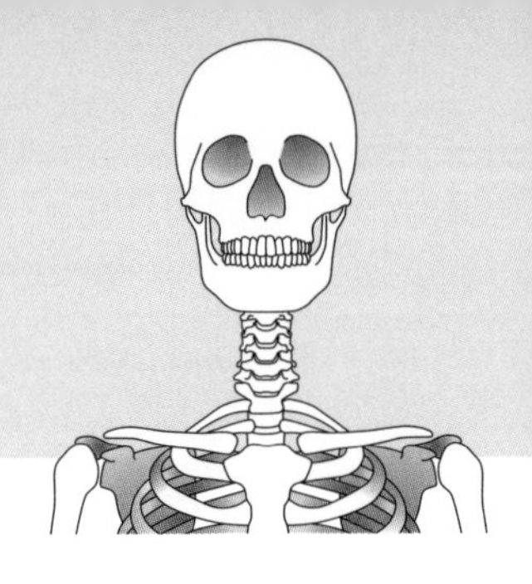

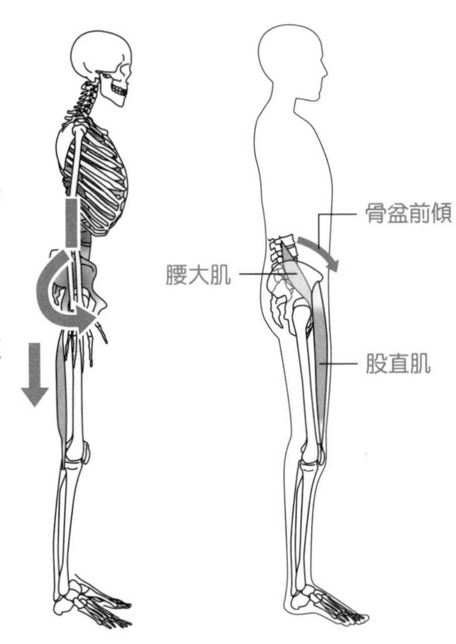

扶梯一樣，無需特別注意護理和運動，大部分人都可以保持健康。然而，到了青壯年期，就好像搭乘一座停止運作的手扶梯，什麼都不做的人就是維持現狀，而開始進行自我護理的人，則可以說是付出多少就收穫多少。接下來，到了老年期，健康狀態彷彿變成了一個下降的手扶梯，如果你什麼都不做的話，它就會下降得飛快；如果你付出努力的話，則可以勉強維持現狀。就連維持肌力都不容易做到了，更別說是增加肌力了，如果有此期待，理所當然得付出龐大的努力才行。

換言之，我們可以這麼說，身體所需要的護理會依據人類的生命階段而產生變化。年齡越是增長，

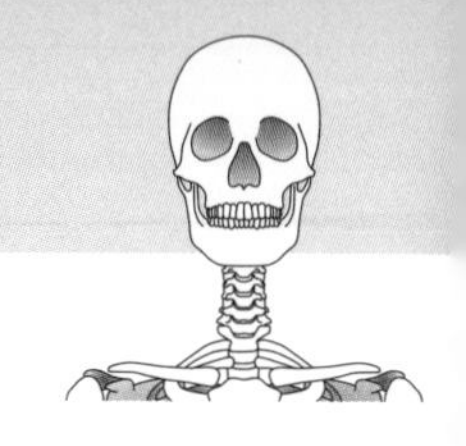

護理和運動就不再是選擇性的附加選項，而理所當然成為「必備事項」了。

　　此外，除了自我管理之外，可以協助定期檢查肌肉或姿勢等身體狀況的人，不外乎是物理治療師、整復推拿師、按摩師或健身教練等專家，透過治療或給予適當的建議，便能幫助患者改善不適，讓身體維持在健康狀態。

老人容易退化的肌肉和對應的常有姿勢

容易衰弱的肌肉	不容易衰弱的肌肉
• 斜方肌	• 胸鎖乳突肌
• 背闊肌	• 胸大肌
• 肱三頭肌	• 肱二頭肌
• 豎脊肌	• 腹肌群
• 腰大肌	• 髂肌
• 臀大肌	• 內收肌群
• 臀中肌	• 膕繩肌
• 股四頭肌	• 脛骨前肌
• 比目魚肌	

- **頸椎屈曲**
  斜方肌的伸展
- **胸腰椎屈曲**
  豎脊肌的伸展
- **肘關節屈曲**
  肱三頭肌的伸展
- **腰椎後彎**
  腰大肌的伸展
- **髖關節屈曲**
  臀大肌的伸展
- **膝關節屈曲**
  股四頭肌的伸展
- **踝關節背屈**
  比目魚肌的伸展

附　錄

骨骼肌填空練習

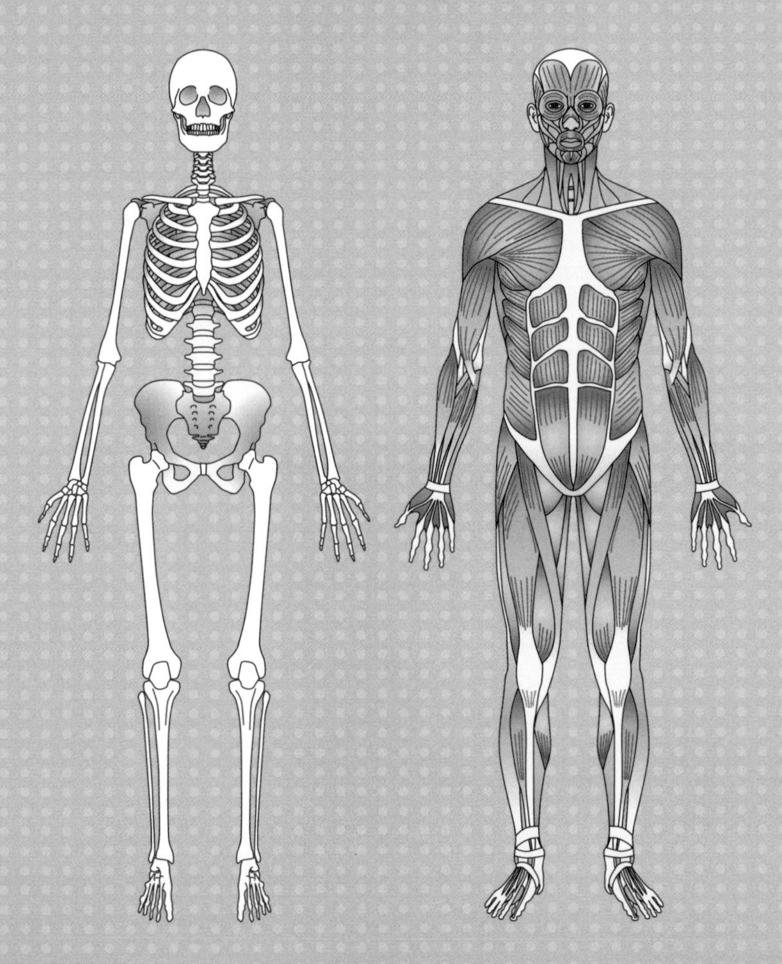

認識了這麼多人體肌肉後大家記得多少呢？接下來是骨骼肌的填空練習，請試著在各個空格中填入相應的名稱，確認自己理解程度吧！

咀嚼肌

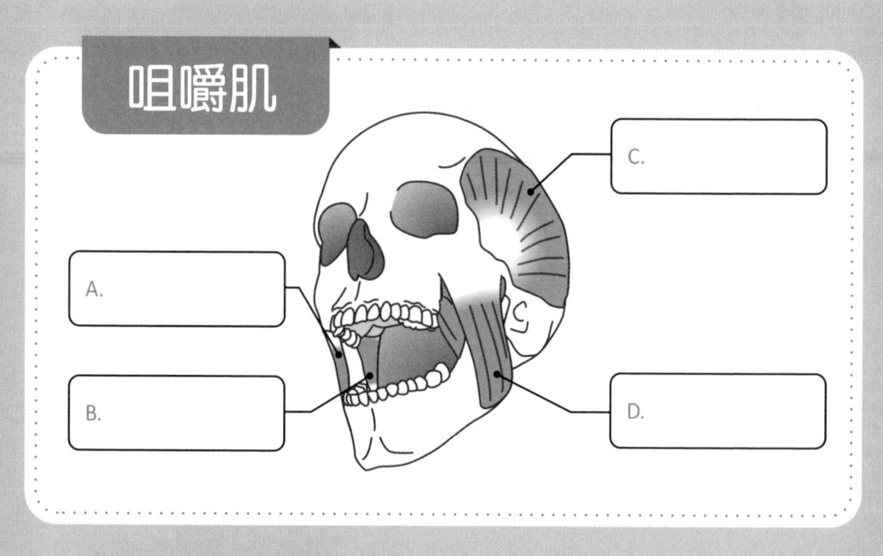

斜角肌群

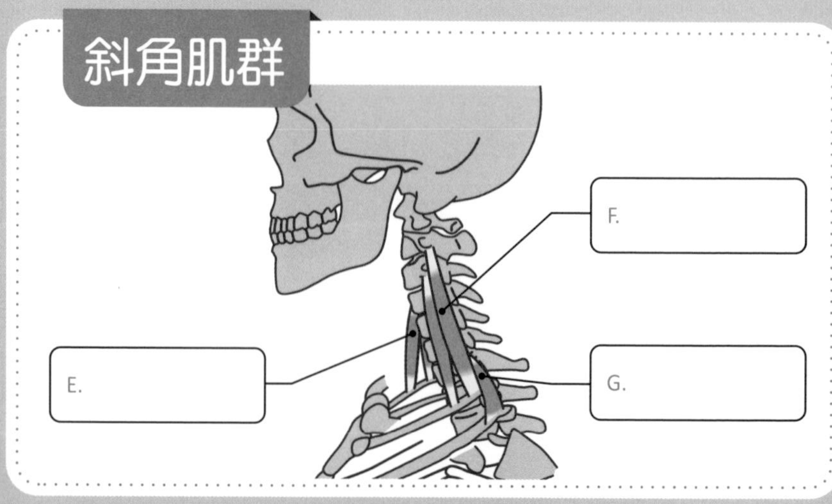

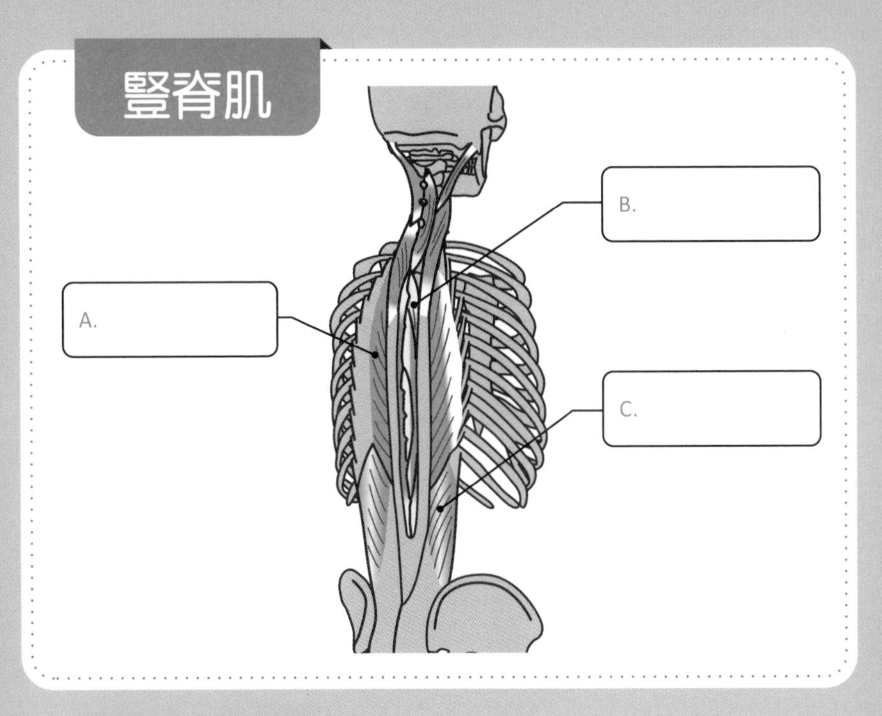
豎脊肌
B.
A.
C.

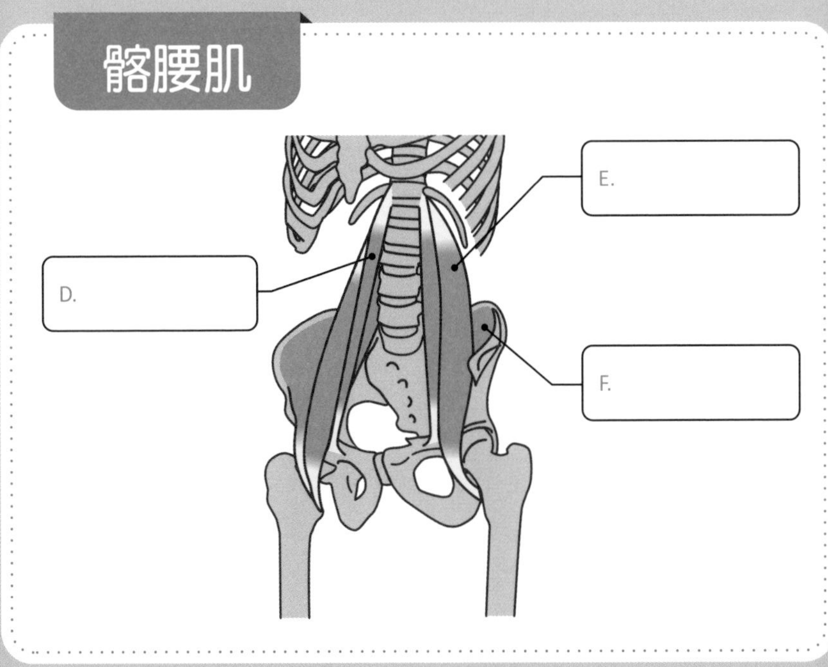
髂腰肌
E.
D.
F.

內收肌群

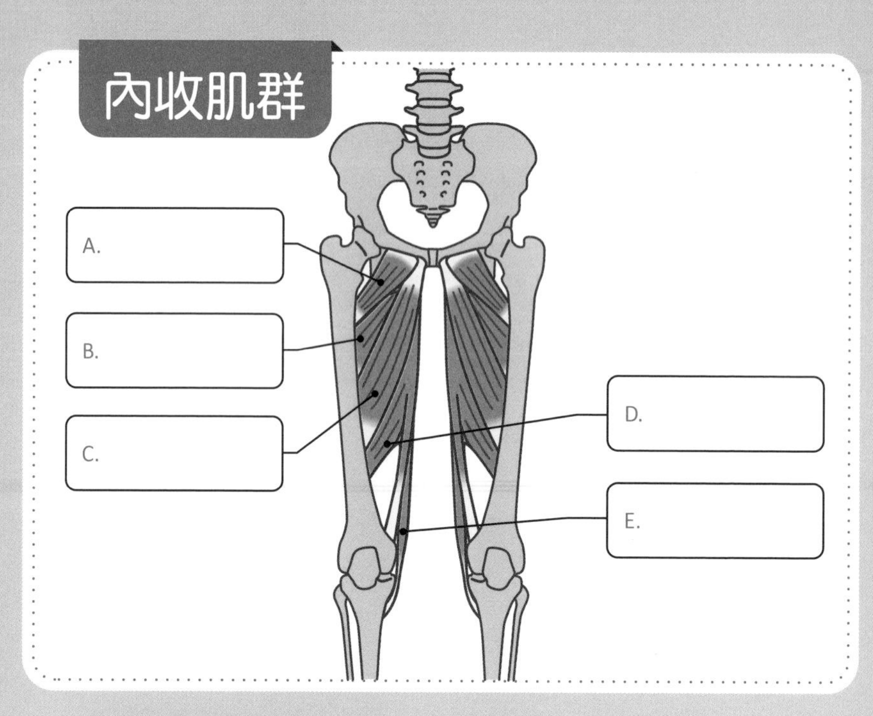

股四頭肌

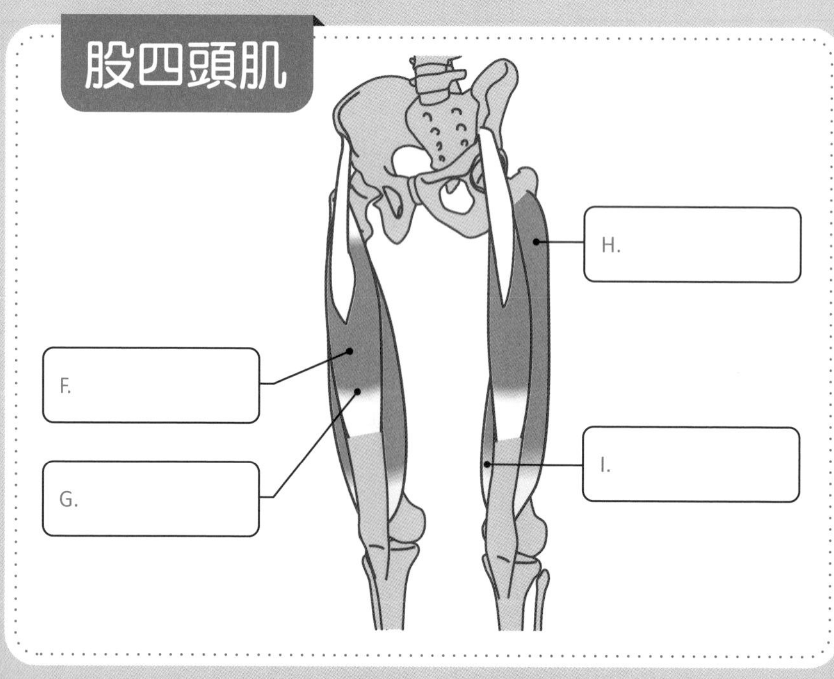

膕繩肌

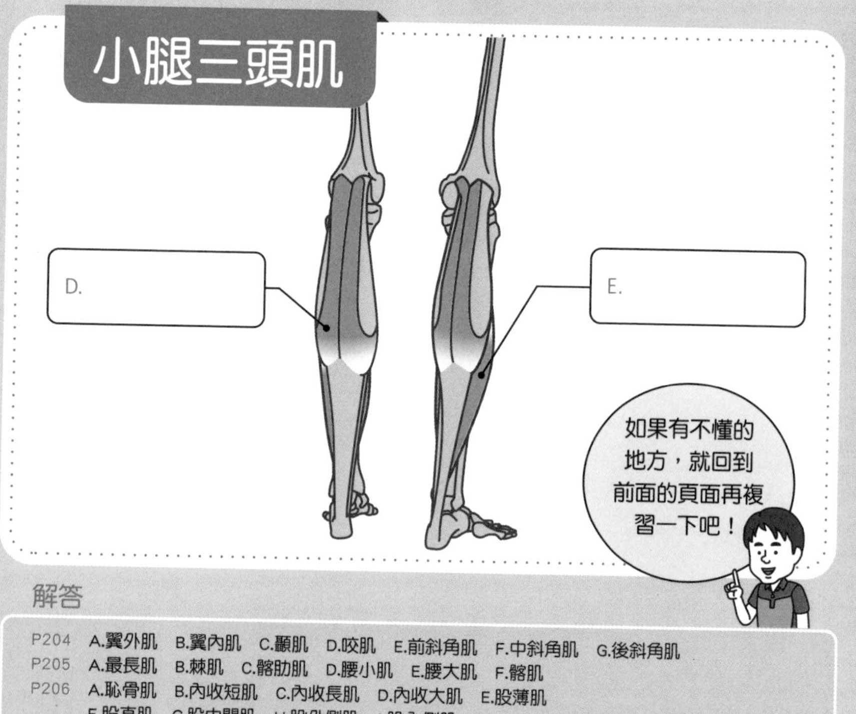

小腿三頭肌

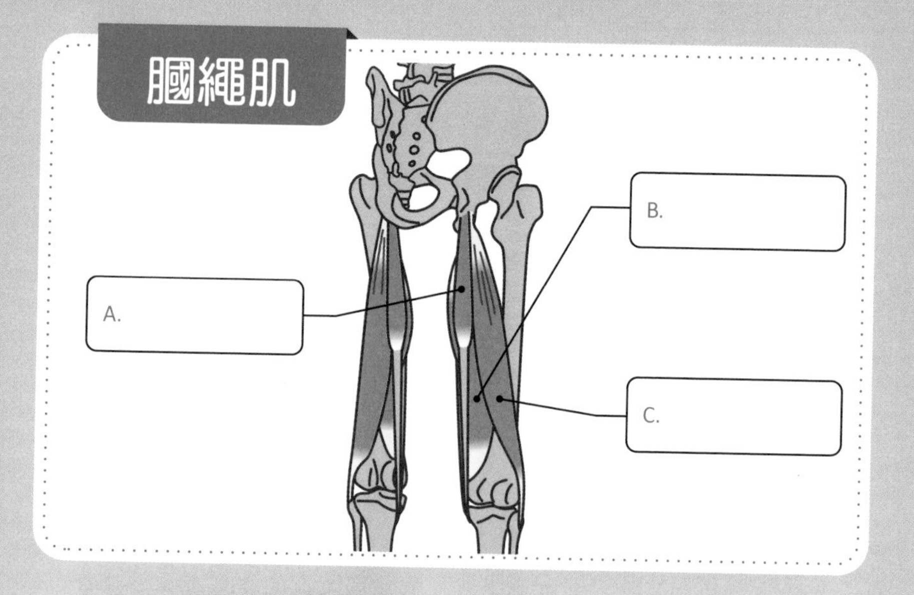

解答

P204 A.翼外肌 B.翼內肌 C.顳肌 D.咬肌 E.前斜角肌 F.中斜角肌 G.後斜角肌
P205 A.最長肌 B.棘肌 C.髂肋肌 D.腰小肌 E.腰大肌 F.髂肌
P206 A.恥骨肌 B.內收短肌 C.內收長肌 D.內收大肌 E.股薄肌
F.股直肌 G.股中間肌 H.股外側肌 I.股內側肌
P207 A.半腱肌 B.半膜肌 C.股二頭肌 D.腓腸肌 E.比目魚肌

台灣廣廈國際出版集團 Taiwan Mansion International Group

國家圖書館出版品預行編目（CIP）資料

肌肉骨骼解剖速查手冊：一頁一圖一肌群！快速掌握人體7大部位×100個肌肉知識，從健身運動到疼痛修復都能派上用場的實用指南 / 上原健志著；謝孟蓁譯. -- 初版. -- 新北市：蘋果屋，2023.01
面； 公分
ISBN 978-626-96826-3-8(平裝)
1.CST: 人體解剖學 2.CST: 骨骼 3.CST: 肌肉

394.2 111019398

蘋果屋 APPLE HOUSE

肌肉骨骼解剖速查手冊

一頁一圖一肌群！快速掌握人體7大部位×100個肌肉知識，從健身運動到疼痛修復都能派上用場的實用指南

作　　者／上原健志
監　　修／石井直方
譯　　者／謝孟蓁
編輯中心編輯長／張秀環・**編輯**／許秀妃
封面設計／曾詩涵・**內頁排版**／菩薩蠻數位文化有限公司
製版・印刷・裝訂／東豪・弼聖・紘億・秉成

行企研發中心總監／陳冠蒨
媒體公關組／陳柔彣
綜合業務組／何欣穎
線上學習中心總監／陳冠蒨
數位營運組／顏佑婷
企製開發組／江季珊、張哲剛

發 行 人／江媛珍
法 律 顧 問／第一國際法律事務所 余淑杏律師・北辰著作權事務所 蕭雄淋律師
出　　版／蘋果屋
發　　行／蘋果屋出版社有限公司
地址：新北市235中和區中山路二段359巷7號2樓
電話：（886）2-2225-5777・傳真：（886）2-2225-8052

代理印務・全球總經銷／知遠文化事業有限公司
地址：新北市222深坑區北深路三段155巷25號5樓
電話：（886）2-2664-8800・傳真：（886）2-2664-8801
郵 政 劃 撥／劃撥帳號：18836722
劃撥戶名：知遠文化事業有限公司（※單次購書金額未達1000元，請另付70元郵資。）

■出版日期：2023年01月
ISBN：978-626-96826-3-8
■初版4刷：2024年10月